Gefährliche Forschung?

Edition
Wissenschaft & Demokratie

Herausgegeben von
Wilfried Hinsch

Band 2

Gefährliche Forschung?

Eine Debatte über Gleichheit und Differenz
in der Wissenschaft

Herausgegeben von
Wilfried Hinsch und Susanne Brandtstädter

DE GRUYTER

ISBN 978-3-11-076992-0
e-ISBN (PDF) 978-3-11-076997-5
e-ISBN (EPUB) 978-3-11-077005-6
ISSN 2629-6292
DOI https://doi.org/10.1515/9783110769975

Dieses Werk ist lizenziert unter einer Creative Commons Namensnennung – Nicht-kommerziell – Keine Bearbeitung 4.0 International Lizenz. Weitere Informationen finden Sie unter https://creativecommons.org/licenses/by-nc-nd/4.0/.

Library of Congress Control Number: 2022935322

Bibliografische Information der Deutschen Nationalbibliothek
Die Deutsche Nationalbibliothek verzeichnet diese Publikation in der Deutschen Nationalbibliografie; detaillierte bibliografische Daten sind im Internet über http://dnb.dnb.de abrufbar.

© 2022 bei den Autor/-innen, Zusammenstellung © 2022 Wilfried Hinsch und Susanne Brandtstädter, publiziert von Walter de Gruyter GmbH, Berlin/Boston. Dieses Buch ist als Open-Access-Publikation verfügbar über www.degruyter.com.

Die Creative Commons-Lizenzbedingungen für die Weiterverwendung gelten nicht für Inhalte (wie Grafiken, Abbildungen, Fotos, Auszüge usw.), die nicht im Original der Open-Access-Publikation enthalten sind. Es kann eine weitere Genehmigung des Rechteinhabers erforderlich sein. Die Verpflichtung zur Recherche und Genehmigung liegt allein bei der Partei, die das Material weiterverwendet.

Umschlagabbildung: © W. Hinsch
Druck und Bindung: CPI books GmbH, Leck

www.degruyter.com

Vorwort

Die Beiträge in diesem Band gehen auf einen Workshop des Wissenschaftsforums zu Köln und Essen im Jahr 2020 zurück. Das Wissenschaftsforum als Einrichtung öffentlicher Wissenschaft soll öffentlich sichtbare Beiträge zur Bewältigung gesellschaftlicher Herausforderungen leisten. Es soll darüber hinaus grundlegende Fragen der Wissenschaftskommunikation aufgreifen und die Entwicklung neuer Formate öffentlicher Wissenschaft fördern.

Das mangelnde Verständnis für die Aufgaben und Vorgehensweisen wissenschaftlicher Forschung und Lehre beginnt nicht vor den Toren der Wissenschaft. Es beginnt in den Seminaren, Kolloquien und Vorlesungen der Universitäten und im Niemandsland zwischen wissenschaftlichen Disziplinen und Fakultäten. Deren Mitglieder treten einander nicht selten ähnlich verständnislos gegenüber wie Laien den ExpertInnen. Die Probleme der sogenannten ‚externen' Wissenschaftskommunikation – der Vermittlung wissenschaftlicher Erkenntnisse an eine nicht-wissenschaftliche Öffentlichkeit – lassen sich deshalb nur durch einen Verständigungsprozess auflösen, der die inner- und die außer-akademische Öffentlichkeit verbindet und beide in einer Pendelbewegung zugleich in Schwingung versetzt.

Mit dem Wissenschaftsforum zu Köln und Essen verbindet sich eine Vorstellung von inner-universitärer Öffentlichkeit, die zwischen den Wissenschaften und der allgemeinen Öffentlichkeit vermittelt. Als Ort des akademischen Austausches ist sie der Gemeinschaftlichkeit und Unvoreingenommenheit der Wahrheitssuche, dem organisierten Skeptizismus und der Allgemeingültigkeit der Wahrheitsansprüche verpflichtet. Diese vier ‚Kardinaltugenden moderner Wissenschaft' (Merton) waren niemals auf die *Sciences* im engeren Sinne beschränkt. Immer wurden sie als Eckpfeiler eines ‚aufgeklärten' Selbstverständnisses der Universität als ganzer, einschließlich aller Fakultäten und Fachrichtungen, verstanden. Mit der allgemeinen Öffentlichkeit teilt die universitäre Öffentlichkeit die Einbeziehung des Evaluativen und Normativen sowohl als Gegenstand wie auch als Zielpunkt wissenschaftlicher Erkenntnis. Es geht nicht nur um systematische Tatsachenermittlung und -erklärung, sondern immer auch um die multidisziplinäre Reflexion darüber, welche Konsequenzen sich aus den Ergebnissen der Einzelwissenschaften für unser Selbstverständnis und unser Zusammenleben ergeben.

Wir danken der Fritz Thyssen Stiftung für ihre großzügige Finanzierung und ihre Räumlichkeiten. Gerne bedanken wir uns auch beim Vorstand der Stiftung, Dr. Frank Suder, und seinen MitarbeiterInnen für die freundliche Unterstützung.

Unser besonderer Dank gilt unserem ‚Redaktionsbüro', Mila Evers, Anne Herms, Samuel Horn und Julian Sommerschuh für ihren unermüdlichen Einsatz.

Wilfried Hinsch und Susanne Brandtstädter

Inhalt

Wilfried Hinsch, Susanne Brandtstädter
Einleitung —— 1

Künstliche Intelligenz

Christoph Markschies
Wer entscheidet, ob ich potentiell gefährlich bin? —— 11

Mathias Risse
Gefährden Genforschung und Künstliche Intelligenz philosophische Ideen menschlicher Gleichheit? —— 29

Nicole C. Krämer
Die Schwierigkeit, Künstliche Intelligenzen zu verstehen – Psychologische Befunde zur Mensch-Technologie-Interaktion —— 43

Gert G. Wagner
Metriken der Ungleichheit sind uralt —— 55

Wilfried Hinsch
Unterschiede, auf die es ankommt – Statistische Diskriminierung durch Computerprogramme —— 67

Thorsten Schmidt und Silja Vöneky
Adaptive Regulierung von hochriskanter KI – Neue Wege zum Schutz von Rechten und Gemeinwohl —— 89

Wissenschaftskommunikation

Eva Buddeberg
Wissenschaft als diskursive Mitverantwortung —— 113

Daniel Eggers
Wissenschaftskommunikation und Verantwortung —— 123

Über die Autoren —— 137

Wilfried Hinsch, Susanne Brandtstädter
Einleitung

Im März 2018 veröffentlichte die New York Times einen Beitrag des Genforschers David Reich von der Harvard Universität. Reich rief zu einer informierten öffentlichen Diskussion neuerer Forschungsergebnisse der Populationsgenetik, die durch die Anwendung innovativer Methoden der Genomsequenzierung aus historischen Knochenfunden möglich wurden, auf. Laut Reich weisen die Analysen „alter DNA" durch ein globales Netzwerk führender Forschungsinstitute darauf hin, dass sich, anders als bisher angenommen, aufgrund einer jahrtausendelang isolierten Entwicklung menschlicher Populationen auf verschiedenen Kontinenten markante genetische Differenzen zwischen diesen Populationen ergeben haben. Diese – und das ist hier der Punkt – führen auch heute noch zu statistisch relevanten genetischen Unterschieden zwischen Menschengruppen, die überwiegend aus diesen in der Frühzeit menschlicher Entwicklung entstandenen Genpools entstammen. Dies stellt nicht nur den seit den 1970er Jahren in der Genforschung bestehenden Konsens über die weitgehende statistische Irrelevanz solcher Differenzen zwischen Menschengruppen nachhaltig infrage. Zu seinem Beitrag in der New York Times wurde Reich auch durch das Wissen bewegt, dass solche Ergebnisse über kurz oder lang ihren Weg in eine breitere Öffentlichkeit finden würden. Er rief deshalb seine KollegInnen und andere WissenschaftlerInnen eindringlich dazu auf, diese Entwicklungen in der Populationsgenetik öffentlich zu diskutieren und ihre Ergebnisse zum Anlass einer informierten, aber breiten Debatte zu den Ergebnissen einer potentiell gefährlichen Forschungsrichtung zu nehmen. Potentiell gefährlich deshalb, weil die neueren Forschungsergebnisse zur Bestätigung rassistischer Stereotypen missbraucht werden könnten, wenn sie nicht offen diskutiert und – auf Basis wissenschaftlicher Erkenntnisse – informiert interpretiert würden.

Hinter der Sorge Reichs verbirgt sich die allgemeinere Frage, wie mit wissenschaftlichen Hypothesen und Einsichten umzugehen sei, die befürchten lassen, moralische Prinzipien – in diesem Fall das Postulat der Gleichheit aller Menschen – könnten durch sie in Zweifel gezogen werden und ihre politische Überzeugungskraft verlieren.

Diese Problematik betrifft alle Wissenschaften, in denen methodisch-technische Innovationen neue Erkenntnisse hervorbringen, die grundlegende Aspekte unseres ethischen Selbstverständnisses in Frage zu stellen scheinen. Die Gendiagnostik und molekulare Medizin sind hier ebenso zu nennen wie die Entwicklungen im Bereich der Informationsverarbeitung. Künstliche Intelligenz (KI) und maschinelles Lernen erlauben es, praktisch unbegrenzte Datenmengen über

Menschen und ihre Verhaltensweisen auszuwerten. Wissenschaftlich-technischer Fortschritt ermöglicht hier nicht nur neue Erkenntnisse über die Bandbreite individueller Differenz, sondern befördert auch neue Einsichten über statistisch signifikante Unterschiede zwischen Kategorien bzw. Gruppen von Menschen, die entweder vorher noch nicht bekannt waren oder für die es jedenfalls bislang keine wissenschaftlich gesicherte Grundlage gab. Neue Erkenntnisse bieten hier eine Basis für Prognosen und rational-kalkulierte Entscheidungen mit potentiell gewichtigen ethischen Konsequenzen. Diese sind nicht nur problematischer Natur. Sie können auch von großem gesellschaftlichen Wert sein – man denke beispielsweise an die durch Genforschung und KI eröffneten Perspektiven einer verbesserten, da geschlechtsspezifisch und individuell adaptierten Gesundheitsfürsorge. Zum Problem wird eine (durch den Einsatz neuer Technologien zunehmend feinteilige und prognostisch relevante) Erfassung und Klassifikation menschlicher Eigenschaften und Verhaltensweisen jedoch, wenn die Orientierung an „statistischen Merkmalen" zu Formen der Ungleichbehandlung führt, die mit den grundlegenden Rechten von Menschen als Individuen unvereinbar sind.

Wir stehen hier erst am Anfang. Die problematischen Implikationen der beschriebenen Entwicklung zeichnen sich jedoch bereits in allen Bereichen des sozialen Lebens ab. Welche Formen der elektronischen Überwachung etwa lassen sich noch mit elementaren Freiheitsrechten vereinbaren? Was sind die ethischen Konsequenzen neuer Möglichkeiten eines digitalen oder genetisches *Enhancement* des Menschen? Und wie ist es zu bewerten, dass ein solches *Enhancement* aus Kostengründen nur wenigen offensteht, aber sicher einen entscheidenden Einfluss auf Bildungs- und Berufschancen haben wird?

Die im ersten Teil des Bandes versammelten Beiträge von Christoph Markschies, Mathias Risse, Nicole Krämer, Gert Wagner, Wilfried Hinsch sowie Thorsten Schmidt und Silja Vöneky diskutieren die Leitfrage *Gefährliche Forschung?* in diesem Sinne mit einem Schwerpunkt auf neueren Entwicklungen im Bereich der Künstlichen Intelligenz. Die Beiträge von Eva Buddeberg und Daniel Eggers im zweiten Teil beziehen sich weniger auf die Problematik der Forschung selbst, sondern knüpfen an Reichs Mahnung an, gesellschaftlich relevante Ergebnisse – gerade, wenn sie potentiell gefährlich sind – einem breiten öffentlichen Diskurs zu unterziehen.

Buddeberg und Eggers diskutieren eine offene Frage der Wissenschaftskommunikation: die Frage nach der Verantwortung oder sogar Verpflichtung von ForscherInnen, die Ergebnisse ihrer Arbeit in verständlicher Weise einer breiteren Öffentlichkeit zugänglich zu machen. Dies stellt einen willkommenen ersten Aufschlag für eine noch zu führende Debatte – u. a. im Rahmen des Wissenschaftsforums zu Köln und Essen – über die ethischen Grundlagen der Wissenschaftskommunikation dar.

„Wer entscheidet, ob ich potentiell gefährlich bin?" Diese Frage diskutiert Christoph Markschies anhand computergestützter Formen einer neuen, als problematisch wahrgenommenen Ungleichbehandlung von Menschen durch selbstlernende Algorithmen, wie sie zum Beispiel bei Sicherheitskontrollen an Flughäfen eingesetzt werden oder bei der Personalauswahl in Unternehmen. Das ethische Problem stellt in beiden Fällen eine wahrgenommene Verschiebung der Verantwortung für selektive Entscheidungen vom menschlichen Akteur zur Maschine dar. Letztlich entscheidet jedoch kein Computerprogramm und keine Künstliche Intelligenz, wer ein Sicherheitsrisiko darstellt oder wer für eine bestimmte Tätigkeit besonders gut qualifiziert ist. Entscheidend sind die ‚Parameter' des Algorithmus – also die Kriterien, nach denen Personen ein- oder zugeordnet werden. Auch die Daten, die ein Algorithmus benutzt, um zu entscheiden, ob und in welchem Maße eine Person bestimmte Kriterien erfüllt, spielen eine zentrale Rolle. Weder Parameter noch Datenbasis werden jedoch vom Algorithmus selbst festgelegt. Software-EntwicklerInnen und ProgrammiererInnen entscheiden über beides, und es sind ihre Vorurteile und Fehlannahmen, die sich im maschinellen Prozedere des Computerprogramms abbilden. Diese sind auch entscheidend, wenn das Programm Individuen maschinell, gewissermaßen ohne Ansehen der Person, einstuft oder kategorisiert, und es sind diese Vorurteile und Fehlannahmen, die mit einer gewissen Unvermeidlichkeit zu Fehleinschätzungen führen.

Mathias Risse geht in seinem Beitrag zur Problematik menschlicher Gleichheit und Differenz sowohl auf die von Reich diskutierten potentiell ‚gefährlichen' Ergebnisse der neueren Populationsgenetik ein als auch auf die ethischen Herausforderungen, die sich aus Fortschritten bei der Entwicklung Künstlicher Intelligenz ergeben. Für ihn stellt die aktuelle Genforschung nicht das politische Postulat menschlicher Gleichheit oder die fundamentale Gleichwertigkeit menschlicher Individuen infrage. Ganz im Gegenteil eröffnen, so Risse, die neueren Forschungen zu „alter DNS" und ihren Spuren im Erbgut heutiger Menschen Möglichkeiten für ein durchaus attraktives Verständnis menschlicher Einheit aus Vielfalt. Die neuere historische Genforschung zeigt gerade, dass genetische Populationen sich infolge räumlicher Isolation durch Migration entwickelten und durch nachfolgende Migrationen wieder vermischten. In der durch verschiedene Genpools geprägten menschlichen Vielfalt, die in allen heutigen Menschen nachweisbar ist, sieht Risse sogar die Basis eines tieferen Verständnisses menschlicher Gleichheit und Differenz. In diesem ergibt sich die menschliche Einheit – und also auch die fundamentale Gleichheit aller Menschen – aus einer durch Migration und Vermischung geprägten biologischen Vielfalt. Die Erkenntnisse der Populationsgenetik weisen also potentiell den Weg zu einer neuen, umfassenderen Verankerung menschlicher Gleichheit auch in Diversität und Differenz.

Risse diskutiert auch, welche politischen und ethischen Konsequenzen sich aus der Entwicklung einer den menschlichen Fähigkeiten fundamental überlegenen Künstlichen Intelligenz, die global zum Einsatz kommen könnte, für unsere Gesellschaften ergeben würden. Bereits die Existenz einer dem Menschen ebenbürtigen Künstlichen Intelligenz würde ja wichtige ethische Fragen unseres Umgangs mit ihr aufwerfen. Hätte sie dieselben Rechte und Pflichten wie wir, würden etwa die Menschenrechte auch für sie gelten? Die Existenz fundamental ‚übermenschlicher' Intelligenzen gäbe darüber hinaus Anlass zu weiteren philosophischen Überlegungen. Welche politischen und moralischen Beziehungen von Gleichheit und Differenz sollten richtigerweise das Verhältnis zwischen Menschen und Nicht-Menschen prägen? Sollten wir uns diesen überlegenen Intelligenzen unterordnen oder, anstelle dessen, unser moralisches, politisches und rechtliches Verhältnis zu nicht-menschlichen Tieren neu überdenken?

Nicole Krämer ist in ihrem Beitrag zum menschlichen Verständnis Künstlicher Intelligenz und den zukünftigen Möglichkeiten, Künstliche Intelligenz zu einer dem Menschen mindestens ebenbürtigen Existenzform zu entwickeln, skeptischer als Risse. Sie sieht ein grundsätzliches Problem unseres Umgangs mit Künstlicher Intelligenz – auch schon in den bereits realisierten Erscheinungsformen – darin, dass leicht überschätzt wird, inwieweit menschliche Intelligenzen ihre künstlichen Gegenstücke verstehen können. Menschen verstehen einander, weil sie sich in andere ‚hineinversetzen' können und weil ein gemeinsames Vokabular existiert, das es ihnen erlaubt, über Intentionen, Zwecke und Sinn ihrer Handlungen zu sprechen. Dies ist bei von Algorithmen gelenkten Computerprogrammen und Maschinen nicht möglich – weder können sich Menschen in diese ‚einfühlen' noch können Algorithmen ihr menschliches Gegenüber intuitiv verstehen. Künstliche Intelligenzen könnten sich uns auch nicht dahingehend erklären, weil ihnen das dafür nötige ‚semantische Vokabular' fehle. Für Krämer stellt die Entwicklung Künstlicher Intelligenzen damit nur eine geringe Gefahr dar, menschliche Besonderheiten und Fähigkeiten zu relativieren oder sogar überflüssig zu machen. Demnach ergibt sich aus der Entwicklung Künstlicher Intelligenzen selbst auch wenig Grund, unsere auf den Menschen bezogenen Vorstellungen von Gleichheit und Differenz zu revidieren.

Gert Wagners Text wendet sich ebenfalls gegen eine Überbewertung der Besonderheiten – und damit der Gefahren –, die von Algorithmen und den durch sie gesteuerten Computerprogrammen und Maschinen ausgehen. Sein Beitrag „Metriken der Ungleichheit sind uralt" nimmt die Thematik der Ungleichbehandlung von Menschen durch Algorithmen auf, die auch Markschies erörtert. Er wendet sich gegen die Vorstellung, dass die soziale Ungleichbehandlung von Menschen aufgrund von Zahlen und Statistiken ein Charakteristikum der Moderne sei oder gar eine besondere Gefahr computergesteuerter Diskriminierung. In einem instruktiven Gang durch die Geschichte der Ungleichheit legt Wagner dar, welche Bedeutung Zahlen und berechenbare Größen immer schon für die Produktion und Reproduktion sozialer Ungleichheit hatten. Hier stellt er fest, dass insbesondere sichtbare und wenig beeinflussbare Merkmale, die zu einer Verhaltensprognose herangezogen werden (z. B. Alter oder Geschlecht) leicht in unerwünschte Diskriminierung münden. Dies ist ebenso der Fall, wenn Klassifikationen, die in einem Bereich sinnvoll und aussagekräftig sind (z. B. bezüglich der Kreditwürdigkeit) auch als Entscheidungsgrundlage in einem anderen Bereich dienen sollen (etwa bezüglich des Schulbesuchs von Kindern). Relevanzbereich und Beeinflussbarkeit von Merkmalen sind für Wagner damit beim Scoring zentrale Kriterien, die gesetzlich reguliert werden müssen, um Diskriminierung zu verhindern. Im Anschluss diskutiert er verschiedene Arrangements und Rechtsformen, die soziale Diskriminierung durch Scorings bisher mehr oder weniger erfolgreich institutionell regulieren konnten. Dabei weist er auf die große Bedeutung von Transparenz und Aussagefähigkeit arithmetischer Klassifizierungen für ihre gesellschaftliche Akzeptanz hin.

Auch Wilfried Hinsch setzt beim Problem der Diskriminierung an. Diskriminierung aufgrund statistischer Ungleichheiten – verstanden hier im Sinne einer Ungleichbehandlung von Personen aufgrund ihrer Zugehörigkeit zu Personengruppen, bei denen eine Häufung bestimmter Merkmalsbündel festgestellt wird – ist, so Hinsch, nicht per se verwerflich. Im Gegenteil stellt eine solche Ungleichbehandlung eine universelle und notwendige kognitive Strategie dar, die allem rationalen menschlichen Erkennen und Handeln zugrunde liegt. Dies gilt ebenso für statistische Prognosen und Differenzierungen auf der Basis neuer computergestützter Anwendungen. Um zwischen ethisch zulässigen und potentiell ‚gefährlichen', also unzulässigen Formen computergestützter Praktiken der Ungleichbehandlung (etwa *computational profiling* oder *scoring*) zu unterscheiden, werden demnach zusätzliche Kriterien prozeduraler Fairness und distributiver Gerechtigkeit benötigt. Diese lassen sich, so Hinsch in seinem Beitrag, aus einem praxisorientierten Verständnis von Diskriminierung herleiten. Für die moralische Bewertung computergestützter Praktiken der Ungleichbehandlung sei es weitgehend irrelevant, ob sie auf suspekte Merkmale von Personen wie Hautfarbe, Geschlecht oder Herkunft zurückgreifen oder nicht. Wenn ein Algorithmus statistisch valide Vorhersagen liefert und einen hinreichend hohen Grad an ‚Treffsicherheit' (statistischer Sensitivität und Spezifität) aufweise, könne er im Sinne einer unvollkommenen Verfahrensgerechtigkeit als prozedural fair gelten. Die unter dem Gesichtspunkt distributiver Gerechtigkeit entscheidende Frage sei dann freilich, ob die Belastungen, die sich aus einem selektiven Algorithmus für die durch ihn identifizierten Personen ergeben, verhältnismäßig sind und tatsächlich von einer unparteiischen Warte aus gesehen durch das aufgewogen werden, was durch die Anwendung des Algorithmus gewonnen wird.

Thorsten Schmidt und Silja Vöneky stellen in ihrem Beitrag das Problem der schwer kalkulierbaren Risiken, die mit der Vermarktung von KI-Produkten einhergehen, ins Zentrum. Sie schlagen zusätzlich zu schon bestehenden Formen rechtlicher und privater Risikoabsicherung ein adaptives, fondsbasiertes Regulierungsmodell für die Marktzulassung von KI-Produkten vor. Das vorgeschlagene Modell sei, so Schmidt und Vöneky, flexibel und könne sowohl an historisch und gesellschaftlich unterschiedliche Risikowahrnehmungen angepasst als auch zugleich auf nationaler und internationaler Ebene eingesetzt werden. Das Modell biete eine (komplementäre) Alternative zu präventiv ansetzenden Genehmigungsverfahren und zu haftungsrechtlichen Regelungen. Es ermöglicht die Kompensation von Schäden, die durch KI-Systeme verursacht werden, und gibt darüber hinaus Unternehmen einen Anreiz, große Risiken zu vermeiden, wodurch grundlegende Menschenrechte und (globale) Gemeingüter wie beispielsweise die Umwelt geschützt würden. Da das als Sicherheit für hochriskante KI-Produkte zu hinterlegende Kapital an das einzahlende Unternehmen zurückgeht, wenn sich das Produkt als sicher erweist, entstünden, so Schmidt und Vöneky, durch die vorgeschlagene adaptive Regulierung auch keine unnötig hohen Barrieren für die Entwicklung und den Einsatz KI-basierter Hochrisikotechnologien.

Die Beiträge von Eva Buddeberg und Daniel Eggers im zweiten Teil des Bandes erörtern eine weitgehend vernachlässigte Grundfrage der Wissenschaftsethik und Wissenschaftskommunikation: Gibt es eine individuelle moralische Verantwortung oder Pflicht von ForscherInnen, nicht nur nach Regeln ‚guter wissenschaftlicher Praxis' zu forschen und zu lehren, sondern auch einem breiteren Publikum in verständlicher Sprache darzulegen, was sie tun – und öffentlich Rechenschaft abzulegen? Dass eine solche Verpflichtung besteht, wird inzwischen als selbstverständlich unterstellt, ohne dass allerdings eine ernsthafte Überprüfung dieser Auffassung stattgefunden hätte oder eine schlüssige Begründung für sie geliefert worden wäre. Buddebergs Überlegungen in „Wissenschaft als diskursive Mitverantwortung" sind ein Versuch, diese akute Leerstelle des aktuellen wissenschaftspolitischen Diskurses zu füllen. Eggers stellt dies zu Beginn seiner Auseinandersetzung mit Buddebergs Beitrag mit Recht heraus.

Buddeberg leitet die besonderen kommunikativen Verpflichtungen von WissenschaftlerInnen aus der allgemeinen Verantwortung rationaler AkteurInnen für ihr Handeln her. Dabei lässt sie sich von Grundideen der Diskursethik von Karl-Otto Apel und Jürgen Habermas leiten. Verantwortlich zu sein bedeutet anderen Rechenschaft zu schulden, und Buddeberg folgt Apel in der Annahme, dass jede spezielle Form der Verantwortung eine allgemeine Verantwortung allen potentiellen DiskursteilnehmerInnen gegenüber voraussetzt. Wenn WissenschaftlerInnen als rational Handelnde für das, was sie tun, verantwortlich sind, wäre dies demzufolge immer auch eine Verantwortung gegenüber allen DiskursteilnehmerInnen, denen sie gleichermaßen Rechenschaft schulden, unabhängig davon, ob sie zum Kreis der akademischen oder der nicht-akademischen Öffentlichkeit gehören.

Eggers nimmt Buddebergs Überlegungen grundsätzlich zustimmend auf. Er plädiert jedoch dafür, die vergleichsweise offene Begrifflichkeit von Verantwortung und Mitverantwortung systematisch mit Hilfe der kantischen Pflichtenethik auszubuchstabieren. Die Komplexität und damit auch das Potenzial des Pflichtbegriffs werde, so Eggers, leicht unterschätzt. In seinem Beitrag skizziert er, wie Kants Konzept der unvollkommenen Pflichten zur Konkretisierung der von Buddeberg postulierten kommunikativen Verantwortung von WissenschaftlerInnen genutzt werden kann. Anders als Buddeberg unterstreicht Eggers jedoch die arbeitsteilige Organisationsform sozialer Systeme und die mit ihr verbundene Aufteilung spezieller Verantwortlichkeiten und Verpflichtungen. Auch wenn *die* Wissenschaft eine gesamtgesellschaftliche Verantwortung habe und verpflichtet sei, öffentlich Rechenschaft abzulegen, folge daraus allein noch nicht, dass dies auch für jedeN einzelneN WissenschaftlerIn gelte. Auch eine universelle diskursethische Verantwortung und Verpflichtung könne, so Eggers, kooperativ und mit verteilten Rollen abgearbeitet werden.

Vier der acht in den Band aufgenommenen Texte sind Ausarbeitungen von Vorträgen, die auf dem Forumsworkshop zum Thema „Gefährliche Forschung" im Januar 2020 gehalten wurden (die Beiträge von Krämer, Markschies, Risse und Wagner). Die weiteren Texte wurden im Anschluss an den Workshop von TeilnehmerInnen ausgearbeitet (die Beiträge von Buddeberg, Eggers, Hinsch und Schmidt / Vöneky). Ausführlichere englische Fassungen der Beiträge von Schmidt / Vöneky und Hinsch finden sich im *Cambridge Handbook of Responsible AI*, hg. v. Silja Vöneky et al. (Cambridge University Press, erscheint voraussichtlich 2022). *Gefährliche Forschung?* erscheint später als geplant als zweiter Band der Edition Wissenschaft und Demokratie. Wir bitten alle Beteiligten, die frühzeitig ihre Beiträge eingereicht haben, um Nachsicht. Nicht nur wirkten sich die vom Coronavirus geprägten Arbeitsbedingungen verlangsamend aus, die Schlussredaktion des Bandes fiel auch in die Zeit der Erweiterung und Neuaufstellung des Wissenschaftsforums, die seit Januar 2022 zum Tragen kommt.

→ http://www.wissenschaftsforum.org/

Künstliche Intelligenz

Christoph Markschies
Wer entscheidet, ob ich potentiell gefährlich bin?

Ein evangelischer Theologe und Historiker des antiken Christentums ist auch bei einer gewissen Erfahrung an verschiedenen Stellen im Wissenschaftsmanagement nur in sehr begrenztem Maß dazu berufen, zu dem Problemcluster Stellung zu nehmen, das auf dem Workshop „Gefährliche Forschung" behandelt werden soll. Er ist weder Ethiker noch Molekularbiologe vom Fach, er kann also weder den egalitären Liberalismus (beispielsweise in der Form, die er bei John Rawls hat) ausführlicher analysieren, insbesondere den darin leitenden Grundwert der Gleichheit, noch molekularbiologische Forschungsergebnisse diskutieren, die jedenfalls nach Ansicht von David Reich und anderen diesen Grundwert der Gleichheit problematisch machen könnten.[1] Wäre ich ein solcher Ethiker, würde ich vermutlich fragen, ob nicht schon bei Rawls durch die ausführliche Reflexion über soziale und wirtschaftliche Ungleichheiten mindestens deutlich ist, dass seit längerem (wir reden über eine Monographie des Jahres 1975[2]) der Wert der Gleichheit in einer solchen Theorie der Gerechtigkeit es grundsätzlich mit dem faktischen Problem von Ungleichheiten zu tun hat und in einer demokratischen Gesellschaft nach Mechanismen gesucht werden muss, mit solchen Ungleichheiten möglichst allgemeinverträglich umzugehen. Mithin wäre die Schlüsselfrage, die ein qualifizierter Ethiker aus meiner Sicht im Blick auf das Problemcluster einer Tagung über „Gleichheit und Differenz in der Wissenschaft"

Der Abendvortrag für das Symposium „Gefährliche Forschung? Eine Debatte über Gleichheit und Differenz in der Wissenschaft" in Köln am 30.01.2020 wurde für den Druck nur mit wenigen Nachweisen versehen. Frau Dr. Isabella Hermann, der Koordinatorin der Interdisziplinären Arbeitsgruppe „Verantwortung: Maschinelles Lernen und Künstliche Intelligenz" an der Berlin-Brandenburgischen Akademie der Wissenschaften, danke ich sehr herzlich für eine gründliche Kommentierung und Durchsicht meiner Überlegungen.

1 David Reich, *Who We Are And How We Got Here. Ancient DNA and the New Science of the Human Past*, Oxford 2018; zur Debatte über dieses Buch vgl. die knappe Zusammenfassung von Thomas Reintjes, „Wissenschaftler streiten über den Begriff ‚Rasse'", in der Sendung *Zeitfragen*, Deutschlandfunk Kultur, 12.04.2018, https://www.deutschlandfunkkultur.de/debatte-in-den-usa-wissenschaftler-streiten-ueber-den.976.de.html?dram:article_id=415443, aufgerufen am 29.06.2020.
2 John Rawls, *A Theory of Justice*, Cambridge/MA 1971 = *Eine Theorie der Gerechtigkeit*, Frankfurt/Main 1975. Vgl. dazu auch Wilfried Hinsch, *Die gerechte Gesellschaft. Eine philosophische Orientierung*, Stuttgart 2016, S. 116–136.

OpenAccess. © 2022 Christoph Markschies, publiziert von De Gruyter. Dieses Werk ist lizenziert unter einer Creative Commons Namensnennung – Nicht kommerziell – Keine Bearbeitung 4.0 International Lizenz. https://doi.org/10.1515/9783110769975-003

beantworten müsste, ob wir es heute mit Ungleichheiten zu tun haben, die strukturell den bei Rawls genannten sozialen und wirtschaftlichen Ungleichheiten entsprechen, oder ob eine neue Qualität vorliegt, die einen vernünftigerweise zweifeln lässt, ob bisherige Regulierungs- und Einhegungsmechanismen greifen. Um eine solche Frage zu diskutieren und dann einen Versuch einer Antwort zu formulieren, müssten aber natürlich neben Rawls andere AutorInnen in ein solches philosophisches Gespräch gezogen werden. Ich denke zuerst an Martha Nussbaum und ihren zeitweiligen Partner Amartya Sen, aber beispielsweise auch an Julian Nida-Rümelin, der immer wieder über Gleichheit gearbeitet hat und in einem dieser Beiträge definiert:

> Gleich sind wir [...] als Vernunftwesen. Als solche, die sich wechselseitig die Fähigkeit nach Gründen zu handeln und zu urteilen zuerkennen. Unabhängig vom sozialen Stand, politischer oder ökonomischer Macht erkennen wir uns als Gleiche an, insofern wir uns als Vernunftwesen sehen. Wir bringen Gründe vor – Gründe etwas zu glauben und Gründe etwas zu tun –, wenn wir mit Anderen human, wie es dem Menschen als Vernunftwesen gemäß ist, interagieren.[3]

Wenn wir aber Gleichheit mit Nida-Rümelin als einen von sozialem Stand, politischer oder ökonomischer Macht (also faktischer Ungleichheit) unabhängigen Zurechnungsbegriff verstehen (eine, nebenbei bemerkt, jedenfalls in meinen Augen durchaus kühne These), dann verschiebt sich die alltagspraktische Frage, die ich eben formuliert habe, leicht – nämlich dahin, ob eine solche nach Nida-Rümelin in demokratischen Gesellschaften selbstverständliche Zurechnung tatsächlich noch selbstverständlich ist und ob es Entwicklungen gibt, die diese Selbstverständlichkeit (weiter) zu erschüttern geeignet sind.

Bei diesen Fragen möchte ich einsetzen: Entsprechen in jüngster Zeit aufgekommene neue Ungleichheiten (präziser: *erstens* wissenschaftliche Beobachtung von faktisch vorhandener Ungleichheit und *zweitens* technische Konstruktion von Ungleichheit) strukturell den bislang beobachteten politischen, sozialen und wirtschaftlichen Ungleichheiten oder liegt eine neue Qualität vor, die einen vernünftigerweise zweifeln lässt, ob bisherige Regulierungs- und Einhegungsmechanismen greifen? In einem zweiten Gang möchte ich fragen, ob die in gewissen Graden selbstverständliche Zurechnung von Gleichheit tatsächlich noch selbst-

---

[3] Julian Nida-Rümelin, „Freiheit und Gleichheit" (Vortrag von 2007), S. 1 (hier zitiert nach: https://library.fes.de/pdf-files/akademie/online/06077.pdf; aufgerufen am 29.06.2020). – Es stellt sich natürlich sofort die Frage, ob es sinnvoll ist, mit einer solchen Definition beispielsweise demente Menschen auszuschließen. Vielleicht sollte man also besser formulieren: „Gleich sind wir [...] als *potentiell* vernünftige Wesen. Als solche, die sich wechselseitig die *konstitutionelle* Fähigkeit nach Gründen zu handeln und zu urteilen zuerkennen".

verständlich ist und ob es Entwicklungen gibt, die diese Selbstverständlichkeit (weiter) erschüttern können. Im ersten Abschnitt befasse ich mich mit Künstlicher Intelligenz und maschinellem Lernen, im zweiten Abschnitt mit Menschenbildern. Dafür, einige Beobachtungen zu diesen beiden Fragen vorzutragen, fühle ich mich einigermaßen gut vorbereitet, weil ich dabei auf Ergebnisse einer interdisziplinären Arbeitsgruppe an der Berlin-Brandenburgischen Akademie der Wissenschaften zurückgreifen kann, die den Titel „Verantwortung: Maschinelles Lernen und Künstliche Intelligenz" trägt. Gemeinsam mit vierundzwanzig Kolleginnen und Kollegen (fast die Hälfte stammt aus der Jungen Akademie) untersuchen wir, wer in Systemen Künstlicher Intelligenz die Verantwortung trägt.[4] Weiter fragen wir, wie durch rechtliche Verfahren am Ende NutzerInnen oder KundInnen gegenüber gewährleistet sein kann, dass überhaupt eine menschliche Person zur Verantwortung gezogen werden kann. Wir fragen so, weil wir überzeugt sind, dass Verantwortung im strengen Sinne nur von den eben erwähnten Vernunftwesen übernommen werden kann – so jedenfalls der ebenfalls gerade erwähnte Münchener Philosoph Nida-Rümelin in einer einschlägigen Veröffentlichung;[5] er ist Mitglied der Arbeitsgruppe. Dass ein Theologe und Historiker, der sich gern auch mit Fragen der Geistes- und Ideengeschichte beschäftigt, außerdem über Menschenbilder nachdenkt (wie ich dies im zweiten Teil meiner Ausführungen tun werde), wird vielleicht auch nicht vollkommen verwundern. Wir kommen nun, nach diesen Vorbemerkungen, zum angekündigten ersten Teil; ich setze ganz in der Tradition einer bestimmten angelsächsischen Philosophie bei einem Alltagsbeispiel an.

I Künstliche Intelligenz und Maschinelles Lernen

Wenn ich von Berlin nach Köln fliege – und das passiert aufgrund meiner Verpflichtungen in der Fritz Thyssen Stiftung gar nicht so selten,[6] dann passiere ich die Sicherheitskontrolle des Berliner Flughafens und auf der Rückreise die des Flughafens Köln-Bonn. Seit längerem wundere ich mich über die Unterschiede bei der Intensität der Kontrolle. Dabei überrascht mich weniger, dass in Köln

---

[4] Vgl. dazu die Homepage der Interdisziplinären Arbeitsgruppe „Verantwortung: Maschinelles Lernen und Künstliche Intelligenz": https://www.bbaw.de/forschung/verantwortung-maschinelles-lernen-und-kuenstliche-intelligenz/mitglieder-/mitarbeiterinnen, aufgerufen am 29.06.2020.
[5] Julian Nida-Rümelin, *Verantwortung* (Reclams Universal-Bibliothek 18150), Stuttgart 2011.
[6] Diese Sätze wurden vor dem Ausbruch der Pandemie formuliert; wie sich das Reiseverhalten künftig entwickeln wird, lässt sich jetzt noch nicht sagen. Aber es bietet sich immerhin die Chance, Fragen von Klima und Nachhaltigkeit anders zu berücksichtigen als bisher.

grundsätzlich die Schnalle des Gürtels meiner Hose anschlägt und in Berlin nicht, denn das mag an der unterschiedlich scharfen Einstellung des Metalldetektors liegen. Ich wundere mich vielmehr darüber, dass ich in Berlin (oder auch in Köln) mit exakt derselben Kleidung und denselben Accessoires mal den Alarm auslöse und mal nicht. Ich habe diese Erfahrung mit den Menschen an der Sicherheitskontrolle diskutiert und die Auskunft erhalten, dass ein Automatismus nach einer fest definierten Zahl von Menschen, die die Kontrolle passiert haben, Alarm auslöst, damit nach dem Zufallsprinzip auch zusätzlich zum automatisierten Röntgen ausführlicher manuell kontrolliert werden kann. Dieses System fand ich einleuchtend, eben weil es auf dem Zufallsprinzip beruht. Die Wahrheit der uralten, schon in der Antike bekannten Ansicht, dass Gerechtigkeit unter bestimmten Umständen mit automatisierten Losverfahren hergestellt werden kann,[7] zeigt sich beispielsweise in unserem Rechtssystem, wird jetzt aber auch von Stiftungen als Argument für entsprechende Entscheidungsverfahren eingesetzt (nicht bei der Fritz Thyssen Stiftung). Mit Künstlicher Intelligenz hat das alles noch gar nichts zu tun, weil ein automatisiertes Abzählen kein selbstlernendes System darstellt, das sein Verhalten – in diesem Falle also das Zählen – auf der Grundlage gewonnener Erkenntnisse bei der Informationsverarbeitung anpassen kann, also aufgrund neuer Erkenntnisse anders zählen müsste.

Selbstverständlich werden aber inzwischen, wie wir vermutlich alle wissen, bei Sicherheitskontrollen selbstlernende Systeme eingesetzt – einschlägig für unsere Zusammenhänge ist vor allem das „Predictive Policing". Darunter versteht man ein Verfahren, das durch maschinelles Anlegen von Mustern, die Anhaltspunkte für vorher definierte Normabweichungen enthalten, gleichsam Verdacht schöpfen hilft, sodass auch vollkommen unbescholtene Menschen ins Visier von Polizeibehörden geraten können, weil sie sich an einem Ort aufhalten, an dem in der Vergangenheit auffällig häufig Straftaten begangen wurden, und so die für alle geltende Unschuldsvermutung außer Kraft gesetzt wird. Dabei handelt es sich genau um die Orte, an denen viele sozial Schwächere und ethnische Minderheiten leben. Selbstverständlich ist daraus nicht zu schließen, dass in eleganteren Vororten beispielsweise die Jugendlichen keine Drogen konsumieren oder verkaufen; diese Straftaten fallen allerdings nur dann auf, wenn die Polizei dort ebenso häufig und gründlich kontrolliert wie in den Stadtvierteln der Ärmeren. So ergibt

---

[7] Zu einem aktuellen Beispiel: Dorothea Kübler, „Research Report: Der Teufel steckt im Detail, nicht im Losverfahren: Berlins Reform des Schulzugangs könnte mehr Gerechtigkeit schaffen", *WZBrief Bildung*, No. 9, 2009, https://www.econstor.eu/bitstream/10419/60026/1/614141729.pdf, aufgerufen am 29.06.2020. Eine über Los konstituierte (zweite) Parlamentskammer fordert: David van Reybrouck, *Gegen Wahlen. Warum Abstimmen nicht demokratisch ist*, Göttingen 2016.

sich für diese Ortslagen eine Negativspirale nach unten, weil immer mehr Delikte aufgedeckt werden, was dann wiederum ins System eingespeist wird.[8]

Zu den ersten Nutzern einschlägiger Software gehörte die Polizei in der kalifornischen Küstenstadt Santa Cruz. Bereits seit 2011 wurden die rund hundert PolizistInnen der Stadt von einem Computerprogramm in fünfzehn *high risk areas* – Gebiete mit einem angeblich hohen Potenzial für Straftaten – auf Streife geschickt. Entwickelt wurde die erste „*Predictive-Policing*"-Software von dem Computerwissenschaftler George Mohler und dem auf Verbrechensszenarien spezialisierten Anthropologen Jeffrey Brantingham, und zwar auf der Basis von Modellen der Erdbebenforschung. Die beiden Wissenschaftler gründeten ein eigenes Startup und vermarkten inzwischen ihre Analyse-Software unter dem Namen PredPol; diese Software wird von der Polizei in Großstädten wie Los Angeles, Chicago, Seattle oder Boston verwendet. Die Homepage des Unternehmens wirbt um neue Kunden mit beeindruckenden Steigerungen der Aufklärungsquoten:

> The Los Angeles Police Department saw a 20 % drop in predicted crimes year over year and one division experienced, for the first time, a day with no reported crime. The Jefferson County Sheriff Department saw a 24 % reduction in robberies and a 13 % reduction in burglaries. Plainfield, New Jersey has seen a 54 % reduction in robberies and 69 % reduction in vehicle burglaries since deployment.[9]

Vom Jahr 2013 an nutzte als damals erste europäische Behörde die Polizei in der britischen Grafschaft Kent PredPol. Inzwischen verwenden verschiedene Landeskriminalämter und Polizeibehörden auch in der Bundesrepublik Deutschland entsprechende Software von verschiedenen kleineren und größeren Anbietern, teilweise auch nur in begrenzten Feldversuchen.[10] Allerdings ist mittlerweile, wenn ich recht sehe, auch eine überaus kontroverse Diskussion um die Frage ausgebrochen, ob mit solchen Systemen Künstlicher Intelligenz wirklich die Verbrechensquoten signifikant gesenkt werden können (und also die zitierten

---

[8] Vgl. auch allgemein zum Thema: Thomas Ramge, *Postdigital, Wie wir Künstliche Intelligenz schlauer machen, ohne uns von ihr bevormunden zu lassen*, Hamburg 2020, S. 83–96.
[9] Predpol, „Schedule a Demo. Proven Crime Reduction Results", https://www.predpol.com/schedule-a-demo, aufgerufen am 29.06.2020; vgl. auch Cathy O'Neil, *Weapons of Math Destruction. How Big Data Increases Inequality and Threatens Democracy*, New York ²2017, S. 86–104 und ausführlich Tobias Knobloch, *Vor die Lage kommen: Predictive Policing in Deutschland. Chancen und Gefahren datenanalytischer Prognosetechnik und Empfehlungen für den Einsatz in der Polizeiarbeit*, Berlin/Gütersloh 2018, https://www.bertelsmann-stiftung.de/fileadmin/files/BSt/Publikationen/GrauePublikationen/predictive.policing.pdf, aufgerufen am 29.06.2020.
[10] Eine Zusammenstellung bei: https://de.wikipedia.org/wiki/Predictive_Policing, aufgerufen am 25.11.2021. Die Genfer Kantonspolizei nutzt beispielsweise die Software DataPol, die von IBM entwickelt wurde, um die Entwicklung von Straftaten in verschiedenen Quartieren zu analysieren.

Prozentzahlen des amerikanischen Unternehmens wirklich signifikant für das Programm sind, das dieses Unternehmen vertreibt). Gestritten wird aber auch über die Annahmen zur Korrelation von bestimmten Ortslagen und Gefährdungsprognosen (und damit indirekt von ethnischen sowie sozialen Merkmalen und Verbrechen[11]), die dem Programm zugrundeliegen, sowie schließlich über die bereits genannte Frage, ob hier mit Berufung auf das Gefahrenabwehrrecht die in den Menschenrechtskonventionen festgehaltene Unschuldsvermutung außer Kraft gesetzt wird und außer Kraft gesetzt werden darf.

Mich interessiert hier weniger die unter dem (nicht restlos befriedigenden, aber eingeführten) Stichwort „Künstliche Intelligenz" zu verhandelnde grundsätzliche Frage danach, wer eigentlich bei der Entwicklung der Software die Parameter festgelegt hat, nach denen das System Korrelationen von bestimmten ethnischen sowie sozialen Merkmalen und Verbrechen lernt.[12] Das Unternehmen, das PredPol hergestellt hat und vertreibt, nennt (wie gesagt) den Anthropologen Jeffrey Brantingham von der UCLA, der die Software mit Daten aus zehn Jahren Polizeiarbeit in Los Angeles fütterte.[13] Viel interessanter für die Frage, wer in Los Angeles, Chicago, Seattle oder Boston entscheidet, ob ich (potentiell) gefährlich bin, ist weniger der ursprüngliche Datensatz, der von Brantingham und seinen Mitarbeitern eingebaut wurde, sondern der Algorithmus, nach dem das Maschinelle Lernen der Künstlichen Intelligenz funktioniert. Wohin entwickelt sich PredPol, was lernt es über die Korrelation von anthropologischen, ethnischen und sozialen Merkmalen und Verbrechen und wie lernt es? Erst wenn man vom Unternehmen PredPol präzise Antworten auf diese Fragen bekommen könnte, würde man unsere Titelfrage „Wer entscheidet, ob ich potentiell gefährlich bin?" einigermaßen beantworten können, allerdings zunächst in der Variante: „Wer entscheidet, ob ich potentiell gefährlich bin, wenn ich mich an einer als gefährlich eingestuften Ortslage aufhalte?" Vermutlich würde die Antwort ein recht unübersichtliches Geflecht aus humanen Agenten zusammenstellen wie dem ge-

---

[11] Kritisieren könnte man natürlich auch noch, dass das System gleichsam als *self-fulfilling prophecy* angelegt ist.

[12] Dabei muss man sich klarmachen, dass das System die Korrelation gleichsam selbst lernt, denn auch bei personenbezogenen Vorhersagen (z. B. darüber, ob jemand auf Kaution freikommen sollte) werden alle Features eliminiert – und das Programm lernt sie doch über andere Datenpunkte. Ein kurioses Beispiel, auf das mich Isabella Hermann hinweist: Ein Afroamerikaner wird nicht auf Kaution freigelassen, weil er entweder viele Polizeikontakte in der Vergangenheit hatte oder weil er auf Verdacht öfter kontrolliert wurde oder weil er in einem Stadtteil wohnt, den PredPol als gefährlich eingestuft hat – hier ist zwar kein einziges Mal von ethnischer Zugehörigkeit die Rede, doch hat das System indirekt gelernt, danach zu unterscheiden.

[13] Vgl. auch seine persönliche Homepage: http://paleo.sscnet.ucla.edu/, aufgerufen am 29.06.2020.

nannten Anthropologen der UCLA, weiteren anonymen ProgrammiererInnen, dem Algorithmus und natürlich dem Polizisten oder der Polizistin, die das System dann zu einer bestimmten Handlung motiviert. Hochproblematisch wäre es, wenn die, die das System produzieren, und die, die für seine Anwendung in den genannten amerikanischen Städten verantwortlich sind, den zugrundeliegenden Algorithmus und damit das System aber nicht oder nicht mehr verstehen können, weil sie durch die Entwicklungsdynamik von „tiefem Lernen" überfordert sind. Es kommt nämlich hier, wie der Berliner Informatiker Klaus-Robert Müller einmal gesagt hat, auch bei solchen Big Data-Anwendungen auf das Filtern und Analysieren der Daten an.[14]

Predictive Policing gab es auch schon vor der Entwicklung von PredPol vor rund zehn Jahren – ich werde nie vergessen, wie einmal vor rund dreißig Jahren direkt vor mir ein Polizeiwagen stoppte, zwei Polizisten herausstürzten, mich festhielten und nach meinem Ausweis fragten. Ich war damals in Tübingen als junger Assistent auf dem Wege in die Theologische Fakultät, die seinerzeit mitten im Klinikviertel lag. Nachdem sich der Polizeigriff so gelockert hatte, dass ich den Personalausweis aus der Jacke nehmen und vorzeigen konnte, fragte ich die Polizisten, warum sie mich festgesetzt hätten wie einen Schwerverbrecher, und sie antworteten in breitestem Schwäbisch, dass sie gedacht hätten, ich sei ein entlaufener Patient aus der nahegelegenen psychiatrischen Klinik. Natürlich lagen auch dieser Form von *Predictive Policing* bestimmte Annahmen über Korrelationen von anthropologischen, ethnischen und sozialen Merkmalen und (wenn ich das so laienhaft formulieren darf) Irresein zugrunde. Und man könnte mit Fug und Recht fragen, ob der durch Lebenserfahrung und Ausbildung von zwei Polizisten generierte Datensatz für das *Predictive Policing* von entlaufenen PatientInnen der psychiatrischen Klinik einem Datensatz von Programmen wie PredPol tatsächlich überlegen sein kann – oder ob nicht doch manches dafür spricht, hier mit Algorithmen und Maschinellem Lernen zu arbeiten, aber eben einen solchen Prozess und seine Ergebnisse einem genauen Monitoring zu unterziehen.

Da ich mich nicht ausführlicher mit den verschiedenen Programmen beschäftigt habe, die für *Predictive Policing* verwendet werden, möchte ich für eine noch etwas tiefere Analyse ein anderes System Künstlicher Intelligenz und die dabei verwendeten Strategien Maschinellen Lernens in den Blick nehmen. Wir haben in der o. g. interdisziplinären Arbeitsgruppe vor einiger Zeit mit Hearings begonnen, um Unternehmen, die entsprechende Software herstellen, ein wenig

---

14 So Klaus Robert Müller in seinem Vortrag „Maschinelles Lernen, Big Data und Künstliche Intelligenz: Technische Entwicklungen, Anwendungen und Perspektiven" bei einem Treffen der IAG „Verantwortung: Maschinelles Lernen und Künstliche Intelligenz" der Berlin-Brandenburgischen Akademie der Wissenschaften am 05.06.2018, bislang unveröffentlicht.

auf den Zahn zu fühlen: wie mit dem Problem umgegangen wird, wer bei solchen Systemen eigentlich entscheidet und wer die Verantwortung trägt. Bei einem dieser Hearings haben wir uns das in Aachen ansässige Unternehmen Precire Technologies GmbH vorgenommen, das ein Softwareprogramm entwickelt und zeitweilig vertrieben hat, das Entscheidungen bei Einstellungsverfahren unterstützen sollte – also das *„recruiting of human resources"*, wie es gern in englischer Sprache formuliert wird.[15] Um das Programm einzusetzen, wurde ein Bewerber oder eine Bewerberin, der oder die sich für eine Stelle interessierte, zu einem Telefongespräch eingeladen und musste zunächst 15 Minuten darüber reden, wie er oder sie sich seinen bzw. ihren schönsten Tag vorstellt. Am anderen Ende der Leitung antwortete niemand und der Inhalt des Gesagten spielte auch gar keine Rolle. Vielmehr ging es um die Struktur des Gesagten und darum, daraus Erkenntnisse über die Persönlichkeit des Kandidaten bzw. der Kandidatin zu gewinnen. Die Sprachanalysesoftware PRECIRE® nahm die Stimme der Gesprächspartner auf und zerlegte den gesprochenen Text in seine Bestandteile. Das Programm untersucht, welche Worte wie oft genutzt werden, wie Sätze gebildet werden und wie lang sie sind. Diese Informationen gleicht die Software mit Daten aus Persönlichkeitsstudien ab, um Muster zu erkennen, die wiederum Rückschlüsse auf Charakter und berufliche Eignung des / der KandidatIn geben. Um akustische Details der Stimme wie beispielsweise die Tonhöhe geht es dezidiert nicht, weil hier die individuelle Varianz zu groß für entsprechende Analysen ist.

Dieses System Künstlicher Intelligenz möchte ich nun etwas näher analysieren, auch wenn es inzwischen von der Firma nicht mehr vertrieben wird, und dabei auf Ergebnisse des Hearings zurückgreifen. Im Rahmen des Hearings haben sich die Mitglieder unserer Arbeitsgruppe mit einem Consultant bei Precire unterhalten, einem studierten Persönlichkeitspsychologen, der seit drei Jahren in der psychologischen Abteilung dieser Firma arbeitet. Er beschrieb uns als Ziel dieses Programms, Psychologie als Service anzubieten: Ausgehend von quantitativer (formeller und struktureller) Analyse von Kommunikationsinputs trifft das Programm Aussagen über psychologische Wirkungen eines Bewerbers bzw. einer Bewerberin, der bzw. die einen bestimmten Text eingesprochen hat. Zu diesem Zweck habe man ein psychologisches Modell entwickelt, das neunundzwanzig verschiedene psychologische Wirkungsweisen misst – darunter die Wirkungsweisen „teamfähig", „autoritär", „impulsiv" und „motivierend" –, und auf diese Weise werde ein „objektives Abbild des Wirkungsprofils" generiert, aber natürlich nicht in einem essentialistischen Sinne Eigenschaften einer Person identifiziert.

---

15 Wichtig ist die Vorbemerkung, dass Precire nach eigener Auskunft diesen Geschäftszweig mittlerweile nicht mehr verfolgt.

Es werde durch das Programm, das an einem Rechenzentrum in Irland gehostet werde, nur angegeben, ob jemand jeweils eine unter- oder überdurchschnittliche Wirkung habe. Insofern könne das Programm natürlich auch höchstens ein unterstützendes Urteil bei der Entscheidung über eine Einstellung liefern oder als Grundlage für Feedback-Gespräche im Rahmen der Personalentwicklung verwendet werden. Man weise alle InteressentInnen auf diese Grenzen der Aussagekraft des Programms hin.[16]

Bemerkenswert war, was der Consultant zur Genese des Datenpools sagte, über den der Algorithmus läuft und mit dem dieser den Prozess Maschinellen Lernens begonnen hat: Zunächst hätten die Entwickler, ausgehend von ihrer eigenen Erfahrung und der einschlägigen Fachliteratur, 31 mögliche psychologische Wirkungen definiert, die von Sprache ausgehen können, diese aufgrund von Befragungen im Rahmen einer Vorstudie auf die genannten 29 reduziert und diese wiederum so operationalisiert, dass sie auf Texte und deren Wirkung bezogen werden können. Im Rahmen dieser Vorstudie habe man auf Amazon Mechanical Turk[17] Aufgaben geschaltet. Mit Hilfe von diesen Crowdworkern[18] habe man Texte auf ihre psychologischen Wirkungen untersucht, wobei die Crowdworker zu Beginn kurze Definitionen der psychologischen Wirkungen erhielten, diese auf einer

---

16 Man berief sich dabei auf: Klaus P. Stulle (Hg.), *Psychologische Diagnostik durch Sprachanalyse: Validierung der PRECIRE®-Technologie für die Personalarbeit*, Heidelberg 2018, dort vor allem: Klaus P. Stulle und Svenja Thiel, „Einführung in die psychologische Sprachanalyse", S. 1–22. – Eine kritische Besprechung der theoretischen Grundlage von Uwe Peter Kanning in der Zeitschrift *Wirtschaftspsychologie aktuell. Zeitschrift für Personal und Management* vom 25.04.2018, https://www.wirtschaftspsychologie-aktuell.de/fachbuch/20180425-klaus-stulle-psychologische-diagnostik-durch-sprachanalyse.html, aufgerufen am 29.06.2020. Allgemein in das Thema führt ein eine Studie des Büros für Technikfolgen-Abschätzung beim Deutschen Bundestag (TAB), eine organisatorische Einheit des Instituts für Technikfolgenabschätzung und Systemanalyse (ITAS) des Forschungszentrums Karlsruhe in der Helmholtz-Gemeinschaft: Robert Peters, „Robo-Recruiting – Einsatz künstlicher Intelligenz bei der Personalauswahl", *Themenkurzprofil*, Nr. 40, 2020, https://doi.org/10.5445/IR/1000131777, aufgerufen 09.01.2022. Kritisch zu PRECIRE® mit Literatur S. 5–6.
17 Amazon Mechanical Turk ist eine Crowdsourcing-Website für Unternehmen, auf der beliebig viele Crowdworker an Remotestandorten eingestellt werden können, um diskrete On-Demand-Aufgaben auszuführen, die Computer derzeit nicht ausführen können.
18 Auf der Plattform des KI-Unternehmens „Clickworker" findet sich folgende Definition: „Als Crowdworker bezeichnet man Menschen, die Arbeitsaufträge annehmen, die einer Masse (Crowd) zur Verfügung gestellt werden. Die Aufträge werden meist über Internetplattformen (sog. Crowdsourcing-Plattformen) angeboten und je nach Auftrag/Projekt von einem Crowdworker oder auch mehreren Crowdworkern bearbeitet. Die Crowdworker arbeiten überwiegend auf freiberuflicher Basis gegen ein Honorar" (zitiert nach https://www.clickworker.de/crowdsourcing-glossar/crowdworker/, aufgerufen am 29.06.2020).

siebenstufigen Skala verorten sollten und auf diese Weise 28 Millionen Ratings generierten.

Man muss also festhalten, dass an einer entscheidenden Stelle der Produktion der Datenbasis des Algorithmus von Precire gar keine psychologischen Experten tätig waren, sondern ein ganzer Teil der Entscheidungsgrundlagen über die Frage, wer in ein Unternehmen passt oder nicht, auf von Laien ausgeführten Ratings beruht – jedenfalls, wenn das Unternehmen für den Einstellungsvorgang die Software von Precire verwendet. Ebenso bemerkenswert schien unserer Arbeitsgruppe, als wir das Hearing auswerteten, das ehrliche Eingeständnis der Firma, dass man die neuronalen Netze in ihrer Komplexität nicht erfassen könne und auch nicht wirklich nachvollziehen könne, welcher Input welchen Output begründe. Die Vertrauenswürdigkeit resultiere nicht aus einem vollständigen Verständnis der Funktionsweise des Programms, sondern aus der außerordentlich hohen Zahl von Ratings. Neben der Angabe, zu welcher Wahrscheinlichkeit jemand eine bestimmte psychologische Wirkung habe, könne man auch eine Kriteriumsvalidität angeben.[19] Ähnlich problematisch war, was man uns zur Prävention von möglichem Bias im Programm ausführte – so sei man, hieß es, wenn beispielsweise bei Frauen eine bestimmte psychologische Wirkung viel stärker angezeigt werde, um „Datenbalance" bemüht, ohne dass deutlich wurde, wie und von wem und auf welcher Basis der ursprüngliche Datensatz dann wie korrigiert wurde und wird – ich bin versucht zu vermuten: händisch. Erkennbar bemüht ist man dagegen um den Datenschutz: Auf Grundlage einer Auftragsdatenverarbeitungsvereinbarung mit dem Kunden werden Datensätze nach vier Wochen gelöscht, Sprachproben und Ergebnisse werden mit PIN versehen. Das bedeutet freilich auch, dass die verschiedenen Anwendungen des Programms offenbar nicht dabei helfen und nicht helfen können, die Datenbasis, aufgrund derer der Algorithmus lernt, zu vergrößern. Außerdem wird von allen, die an einem durch Precire begleiteten Auswahl- oder Bewerbungsverfahren teilnehmen, eine Einwilligungserklärung verlangt und bei Erstellung von Wirkungsprofilen für den Human-Resource-Bereich müssten die Untersuchten über achtzehn Jahre alt sein (bei Social-Media-Stimmungsanalysen nicht). Schließlich habe Precire als Business-to-Business-Unternehmen (B2B) mit Endkunden keinen direkten Kontakt, liefere aber den Human-Resources-Verantwortlichen mehrmals Informationen darüber, was Zweck der Interviews sei, wie die Auswertung erfolge, auf welcher Grundlage die Künstliche Intelligenz zum Einsatz komme, was für einen Sinn der

---

19 „Kriteriumsvalidität" bezieht sich auf den Zusammenhang zwischen den empirisch gemessenen Ergebnissen des Messinstrumentes und einem anders gemessenen empirischen Kriterium; freilich ist in der Befragung nicht wirklich klar geworden, was dieses empirische Kriterium konkret ist.

Ergebnisbericht habe. Zudem gebe man Empfehlungen für den Umgang mit den Ergebnissen (beziehungsweise empfehle größtmögliche Transparenz). Wenn Precire Beratung oder Interpretation der Diagnostik in die Hände der Kunden gebe, werde das in Kombination mit mehrtägigen Zertifizierungsworkshops getan, um Verantwortliche zu schulen. Precire habe jedoch keine Kontrolle darüber, inwiefern Endkunden Personalentscheidungen von den Ergebnissen abhängig machten; schließlich sei ja auch kontrovers, welche Wirkungen beispielsweise Führungspersonen haben sollten.

Interessant fanden wir allerdings bei unserem Hearing, dass keine *ethical guidelines* des Unternehmens erstellt wurden; es werde, so sagte man uns, von Fall zu Fall entschieden, für wen man arbeite. Unethische Anfragen habe es noch nicht gegeben und es bedürfe auch keines *disclaimer statements*, da es sich – jedenfalls nach Ansicht unseres Gesprächspartners – um keine subjektiven Parameter handele, sondern, da „Aussagen über rein strukturelle Parameter von Sprache getroffen werden, um objektive statistische Messung". „Irrtümer" im klassischen Sinne könne es schon deswegen nicht geben, da die Software von Precire ja nicht sage, ob die Ergebnisse über eine einzelne Person gut oder schlecht seien – in bestimmten Konstellationen seien autoritärer wirkende Personen besser, in anderen schlechter.

Im Blick auf die Frage, ob durch Künstliche Intelligenz und Maschinelles Lernen eine wissenschaftlich fundierte Wahrnehmung von Ungleichheit zunimmt, können wir am Ende unseres Durchganges durch eine Anwendungsform im Bereich des Human-Resources-Managements festhalten, dass wohl durch den Einsatz solcher Techniken die Beobachtung von Ungleichheit teilweise massiv verstärkt wird. Aber es bleibt fraglich, ob hier wirklich auf wissenschaftlich fundierte Weise Ungleichheit konstatiert wird. Denn auch wenn die Grundparameter auf einer bestimmten Form von naturwissenschaftlicher Psychologie beruhen (über deren Solidität aber vermutlich in der Disziplin auch gestritten wird), erfolgte die Produktion der Datensätze durch Laien, die über eine Crowdworking-Plattform gewonnen wurden – in den antiken und biblischen Zeiten, die ich normalerweise untersuche, hätte man diesen Berufsstand Tagelöhner genannt und deren Professionalität und Kompetenz ist natürlich nicht mit der studierter Psychologen gleich welcher Schule zu vergleichen. Ich will nicht so weit gehen, von einer Scheinevidenz für Ungleichheit zu sprechen, aber doch darauf hinweisen, dass die Evidenz, die die Software für Ungleichheit zu vermitteln scheint, wohl höher sein dürfte als die Evidenz, die sie tatsächlich vermittelt. Wir haben es also mindestens mit einem Anwachsen der Wahrnehmung von Ungleichheit zu tun, die in einzelnen Punkten nicht unproblematisch ist. In dem Augenblick, in dem eine solche Software wie PRECIRE® dazu verwendet wird, Geschäftsberichte daraufhin zu untersuchen, ob ein Unternehmen kreditwürdig ist (und daraufhin weitet Precire gerade sein Geschäftsfeld aus), und gar noch eine Art Lügendetektor daraus entwickelt wird, verschärft sich die ohnehin vorhandene Problematik, ohne dass ich das jetzt noch ausführen müsste. Ich komme vielmehr zu meinem zweiten Abschnitt.

II Menschenbilder

In unserem zweiten Abschnitt soll es um die Frage gehen, ob die beispielsweise in der referierten Theoriebildung von Julian Nida-Rümelin konzeptionalisierte, für einen demokratischen Rechtsstaat basale Zurechnung von Gleichheit überhaupt noch so selbstverständlich ist, wie die Überlegungen voraussetzen oder suggerieren.[20]

Man muss nicht die leicht apokalyptisch grundierten Sichtweisen teilen, die Frank Schirrmacher, seinerzeit Herausgeber der Frankfurter Allgemeinen Zeitung, in seinem Buch „EGO: Das Spiel des Lebens" im Jahre 2013 äußerte (man könnte selbstverständlich auch andere Titel an dieser Stelle nennen[21]). Wie auch immer man zu den scharf pointierten Thesen des Buches über die immer flächendeckendere Verbreitung eines (zudem egoistisch entarteten) Modells eines *homo oeconomicus* in unserer Lebenswelt denkt, mit denen Schirrmacher natürlich auch ein bestimmtes Publikum wachrütteln wollte – es kann keinen Zweifel daran geben, dass wir seit vielen Jahrzehnten und nicht erst im Zeitalter der digitalen Revolution unser Bild vom Menschen und bestimmte Bereiche der Lebenswelt immer weiter arithmetisiert haben. Unter „Arithmetisierung" verstehe ich die immer weitere Ausbreitung der Vorstellung, dass Leben und Lebendigkeit zählbar und daher messbar sind. Wir erleben den Menschen im Zeitalter seiner Zählbarkeit. Details hat Armin Nassehi in seinem Buch „Muster" präzise beschrieben und dabei auch stärker als Schirrmacher die Unausweichlichkeit dieser Entwicklung als Element, Folge und Voraussetzung von Modernisierung wie Professionalisierung in den Blick genommen.[22] Allerdings zeigt sich im Laufe der Entwicklung auch immer wieder, dass sich der lebendige Strom des Lebens nicht als messbare Größe gleichsam stillstellen und so für die Analyse pazifizieren lässt. Man muss nur die Entwicklungsgeschichte der Statistischen Landesämter mit den chaotischen Fehlplanungen bei der Konzeption von Schul-, Lehrer- und Schulgebäudebedarfsplanungen in Beziehung setzen, um sich klarzumachen, dass die Ent-

---

20 Nida-Rümelin, „Freiheit und Gleichheit", a. a. O., S. 2f.
21 Frank Schirrmacher, *Ego. Das Spiel des Lebens*, München ⁵2013.
22 Armin Nassehi, *Muster. Theorie der digitalen Gesellschaft*, München 2019.

wicklung hin zur Arithmetisierung unseres Menschenbildes[23] weder mit Stilmitteln der Apokalyptik noch als bloße Fortschrittsgeschichte geschrieben werden kann.

Meine These ist nun, dass bereits diese in ihren Wirkungen durchaus ambivalente Arithmetisierung – und nicht erst einzelne wissenschaftliche Entdeckungen beispielsweise auf dem Gebiet der Molekularbiologie – die präzise Wahrnehmung von Ungleichheit steigert. Ungleichheit ist dann nicht mehr nur eine eher vorwissenschaftliche Wahrnehmung von Fremdheit (beispielsweise eines Ausländers oder eines anderen Geschlechts), die durch bestimmte Theoriebildungen (wie bestimmte französische, beispielsweise der Poststrukturalismus), die in den allgemeinen Diskurs einwandern, verstärkt wird. Sondern sie ist eine allzeit als Zahl beschreibbare und daher messbare Größe. So erlaubt beispielsweise die Sequenzierung des menschlichen Genoms sehr viel präzisere Beschreibungen von anthropologischer Ungleichheit. Diese durch Zahlen dokumentierte und daher messbare Ungleichheit kann erst in einem komplexen hermeneutischen Verfahren wieder in Gleichheit überführt werden. So lerne ich anhand der Sequenzierung meines eigenen Genoms möglicherweise, dass ich im Unterschied zu den allermeisten meiner Nachbarn zu einem Viertel von grönländischen Vorfahren geprägt worden bin (um ein ebenso beliebiges wie beliebig absurdes Beispiel zu wählen). Aber erst ein komplizierter hermeneutischer Kunstgriff der Neutralisierung des Befundes durch Verallgemeinerung erlaubt mir, in meiner präzise bestimmten Individualität, die auf Ungleichheit führt, eine neue Gleichheit (oder präziser: eine neue Fundamentierung von Gleichheit) zu sehen: Erst wenn ich erkenne, dass offenbar alle Deutschen in meiner Umgebung zu hohen Prozentzahlen durch ihr Genom mit Nichtdeutschen verbunden sind, wird mein individuelles Charakteristikum zu etwas, was mich nicht nur mit vielen, sondern letztlich mit allen existierenden Menschen verbindet. Erst dadurch wird, was mich zunächst von anderen unterscheidet, schließlich doch zu einem Ausweis der Gleichheit aller Menschen.

Der Mensch im Zeitalter seiner Zählbarkeit ist aber (anders als eine *Mathesis Universalis*, wie sie in der Tradition Platons beispielsweise unser Berliner Akademiegründer Gottfried Wilhelm Leibniz im Sinn hatte[24]) kein Versuch, inmitten vorfindlicher Vielfalt eine letzte Einheit von Wissenschaft und Welt freizulegen und diese in der Tradition Platons mit Zahlen zu beschreiben oder zu begründen.

---

23 Von „Arithmetisierung" möchte ich sprechen, um die geprägte Wendung vom *homo oeconomicus* nicht wie Schirrmacher in einer besonderen Bedeutung zu verwenden.
24 Raili Kauppi, Art. „Mathesis Universalis", in: *Historisches Wörterbuch der Philosophie*, Bd. 5, Basel 1980, S. 937; Heinrich Scholz, *Mathesis Universalis. Abhandlungen zur Philosophie als strenger Wissenschaft*, Darmstadt 1961.

Nur scheinbar bildet der Mensch im Zeitalter seiner Zählbarkeit eine Einheit – nämlich die Einheit der zählbaren Entität, deren Sprachmuster beispielsweise nach neunundzwanzig Kriterien hinsichtlich ihrer Wirkung kategorisiert werden kann. In Wahrheit dient die Zählbarkeit zunächst zur Essentialisierung von Unterschieden und damit von Ungleichheiten. Deren ontologischer Status ist aber in Wahrheit prekär, wie unser Beispiel aus dem ersten Abschnitt zeigen kann. Heute wirke ich autoritär, morgen, nach Abschluss einer Therapie, eines Coachings, eines sonstigen Prozesses, nicht mehr. Der Mensch im Zeitalter seiner Zählbarkeit wird gezählt, um die neuen Unübersichtlichkeiten und fluiden Identitäten, die doch wohl nicht nur für Jürgen Habermas zur Moderne zählen, zu zähmen und beherrschbar zu machen. Das ist zugleich unvermeidlich und fatal.

Ich bin mir nicht sicher, ob für alle diese Entwicklungen das wirtschaftswissenschaftliche Modell des *homo oeconomicus* als Deutungskategorie überhaupt sinnvoll ist. Modelle reduzieren die Wirklichkeit, und so reduziert auch dieses Modell von Entscheidungsverhalten und Motivationen für Entscheidungen die Wirklichkeit. Es wäre natürlich spannend zu fragen, ob sich – wie Schirrmacher meinte – die Wirklichkeit dem Modell anpasst oder nicht, wie seine Kritiker nicht müde wurden zu betonen.[25] Aber für heutige Fragestellungen trägt die Kontroverse der Jahre 2013 / 2014 um das Buch von Schirrmacher nicht mehr viel aus.[26] Uns geht es ja um die Frage, ob die für eine demokratische Gesellschaft nach Nida-Rümelin essentielle Zurechnung von Gleichheit auch angesichts faktischer Ungleichheiten weniger selbstverständlich wird, im Zeitalter von Künstlicher Intelligenz und Maschinellem Lernen, im Zeitalter der Zählbarkeit des Menschen.

Wenn dem so ist, dass diese Form der Arithmetisierung und die damit einhergehende Ökonomisierung in der Tat die Selbstverständlichkeit, mit der allen Menschen Gleichheit zugerechnet wird, erschüttert, stellt sich die Frage nach dem Umgang mit diesem Befund in Wissenschaft und Gesellschaft. Reicht die klassische hermeneutische Operation, die in das allgemeine Bewusstsein ohne ihre elaborierte philosophische oder theologische Begründung herabgesunken war – wir sind zwar vorfindlich alle *un*gleich, aber als Vernunftwesen alle gleich, lautete

---

25 Hier setzt sich in gewisser Weise, wie Isabella Hermann bemerkt, die Debatte um die Theorie der medialen Simulation von Jean Baudrillard fort. Vgl. beispielsweise Baudrillard, *Der symbolische Tausch und der Tod*, München 1991.
26 Vgl. z. B. die kritischen Kommentare von Ulrich Beck, „Doktor Faust aus Einsen und Nullen", Die Welt 16.02.2013, URL: https://www.welt.de/print/die_welt/literatur/article113678543/Doktor-Faust-aus-Einsen-und-Nullen.html, aufgerufen am 29.06.2020; Joachim Rohloff, „Sorgfaltspflichten. Wenn Frank Schirrmacher einen Bestseller schreibt", Merkur, 16.02.2013, URL: https://www.merkur-zeitschrift.de/?s=schirrmacher, aufgerufen am 29.06.2020.

die Version bei Nida-Rümelin – noch aus, um am Ideal der Gleichheit aller Menschen im Zeitalter der Zählbarkeit des Menschlichen festzuhalten? Oder beschädigt die vielfältige Beobachtung und Messung von Ungleichheit diesen Konsens über Gleichheit?

Erst einmal ist festzuhalten, dass die Wissenschaft gefragt ist, um Scheinevidenzen der Ungleichheit zu identifizieren und öffentlich zu machen und die Bedeutung von Ungleichheit zu hierarchisieren. Im Blick auf mein Lebensalter, meine Tagesform und Wachheit könnte ich von mir selbst Ungleichheit aussagen, die gleichwohl immer von Gleichheit gerahmt ist – die verschiedenen Konzepte personaler Identität unserer Tage beschreiben eine solche Selbigkeit ungeachtet aller Unterschiede. Eine Theorie von Selbigkeit des Individuums inmitten der Erfahrung von Differenz („ich bin heute anders, als ich noch gestern war und morgen sein werde") prägte aber schon antike Anthropologie, wie beispielsweise an der aristotelischen Fassung des antiken Konzeptes einer menschlichen Seele deutlich wird. Aristoteles macht uns darauf aufmerksam, dass die Zurechnung von Gleichheit nicht nur aufgrund einer gedanklichen oder hermeneutischen Operation erfolgt, sondern aufgrund von Evidenzen aus der Erfahrung.[27] Ich stelle an mir selbst jeden Morgen Gleichheit fest, obwohl ich von meinem Ich am voraufgehenden Abend durch erhebliche Ungleichheit unterschieden bin. Ich weiß, obwohl ich anders bin als gestern, dass ich dieselbe Person bin. Aristoteles verbindet diese Erfahrung der Selbigkeit mit der Seele und macht die Seele für das basale Bewusstsein der Selbigkeit verantwortlich.

Mein Beispiel morgendlicher Erfahrung von Selbigkeit inmitten von Differenz mag fast trivial wirken, aber ich möchte dafür plädieren, stärker wahrzunehmen, dass wir in sehr vielen Lebensvollzügen trotz präziser Wahrnehmung von Ungleichheit doch Evidenzen für Gleichheiten beobachten und sich an diesem qualitativen Verhältnis nichts ändert durch die *quantitative* Zunahme von Ungleichheitswahrnehmung. Auch wenn ich mich an einem bestimmten Abend sehr anders verhalten habe als sonst (beispielsweise aufgrund des allzu reichlichen Genusses von Alkohol), ordne ich diese Erfahrung am nächsten Morgen doch in ein Konzept von Selbigkeit ein, in dem bestimmte Varianz möglich ist und bleibt.

Meine Tübinger systematisch-theologische Kollegin Elisabeth Gräb-Schmidt plädiert dafür, Gerechtigkeit nicht mehr wie in den zu Beginn angespielten Ansätzen eines egalitären Liberalismus an der Gleichheit auszurichten, sondern an der faktischen Ungleichheit, und zu fragen, wie weit Ungleichheit und Asym-

---

27 Otfried Höffe, „dikaiosynē/Gerechtigkeit", in: Otfried Höffe (Hg.), *Aristoteles-Lexikon* (Kröner Taschenausgabe 459), Stuttgart 2005, S. 130–136 sowie Wilfried Hinsch, *Die gerechte Gesellschaft*, Stuttgart 2016, S. 15–40.

metrie in einer Gesellschaft ausgeglichen werden sollen und müssen.[28] Elisabeth Gräb-Schmidt setzt dieses von Ungleichheit und Asymmetrie ausgehende Paradigma der Gerechtigkeit nicht nur in Beziehung zum biblischen Gerechtigkeitsbegriff (was bei einer evangelischen Theologin wenig verwundert), sondern auch zu neueren Entwürfen, beispielsweise zu einer Veröffentlichung von Martha Nussbaum aus dem Jahr 1999 unter dem Titel „Gerechtigkeit oder das gute Leben".[29]

Da ich kein Fachethiker bin, möchte ich nicht versuchen, zu der Debatte beizutragen, welche Annahmen im Hintergrund einer Gerechtigkeitstheorie stehen sollen. Die Frage, ob Gleichheit oder nicht vielmehr doch Ungleichheit im Hintergrund stehen sollte und wie dieser Hintergrund danach begründet bzw. gerahmt werden könnte oder sollte, muss an anderer Stelle und von anderen diskutiert werden. Ich möchte meine Bemerkungen vielmehr schließen mit einem Vorschlag zur Pazifizierung: Wenn man im Alltag beobachtet, wie Ungleichheitswahrnehmung und Gleichheitspostulate empirisch verbunden sind bzw. Gleichheitswahrnehmung und Ungleichheitspostulate, dann muss einem wegen der durch die Arithmetisierung unserer Welt- und Menschenwahrnehmung gestiegenen Wahrnehmung von Ungleichheit nicht bange sein. Jedenfalls muss einem so lange nicht bange sein, als neben den Wissenschaften, die Daten über den Menschen sammeln und zählen, auch Wissenschaften gepflegt werden, die solche Daten kritisch analysieren, Methoden und Ergebnisse dieser Datenproduktion sorgfältig prüfen und nach Gleichheiten fragen. In Zeiten der verschärften Wahrnehmung von Ungleichheiten müssen die Wahrnehmungen von Gleichheit und die Theorien über Gleichheit gepflegt werden. Ich will nicht damit schließen, dass die Theologie und also auch der Theologe, der hier argumentiert, an dieser Stelle fein heraus sind. Denn die biblisch grundierte Vorstellung von der Schöpfung des Menschen als Ebenbild Gottes vermag wegen ihrer mythologischen Einkleidung zwar längst nicht mehr flächendeckend zu überzeugen, hält aber nach wie vor die Zurechnung von Gleichheit für alle Menschen und die Thematisierung von faktischer Ungleichheit in einem spannungsreichen Verhältnis.[30]

---

28 Elisabeth Gräb-Schmidt, „Gerechtigkeit systematisch-theologisch", in: Markus Witte (Hg.), *Gerechtigkeit* (Themen der Theologie 6), Tübingen 2012, S. 125–156.
29 Martha Nussbaum, *Gerechtigkeit oder das gute Leben* (Edition Suhrkamp 1739 = Neue Folge 739), Frankfurt/Main 1999.
30 Eberhard Jüngel (1975), „Der Gott entsprechende Mensch. Bemerkungen zur Gottebenbildlichkeit des Menschen als Grundfigur theologischer Anthropologie", in: Jüngel, *Entsprechungen: Gott – Wahrheit – Mensch*, Tübingen ³2002, S. 290–317; sowie Christoph Markschies, „Gottebenbildlichkeit II. Christentum", in: Hans Dieter Betz (Hg.), *Religion in Geschichte und Gegenwart*, Bd. 3, Tübingen ⁴2000, S. 1160–1163.

Damit möchte ich allerdings nicht schließen, sondern mit der allgemeinen Aufforderung, sich der Pflege der empirischen wie theoretischen Evidenz von Gleichheit als einer gemeinsamen Anstrengung von Wissenschaft zu widmen, die nicht in der perniziösen Spezialisierung unserer Tage oder im Nirwana zwischen den so spezialisierten Disziplinen versinken darf. Wohlgemerkt: Ich plädiere nicht für eine Suggestion von Gleichheit, die Ungleichheit ignoriert oder einen Einheitswahn, eine Einheitssuggestion, an die Stelle von präziser Wahrnehmung von Differenz setzt. Aber mir scheint, dass auch hier der *abusus*, der mit den Vorstellungen der Gleichheit getrieben wurde, den *usus* nicht aufheben sollte.

Mathias Risse
Gefährden Genforschung und Künstliche Intelligenz philosophische Ideen menschlicher Gleichheit?

I Gleichheit

Thomas Hobbes ist einer der geistigen Väter der modernen politischen Philosophie. Einer Lesart zufolge dachte er, das Naturrecht fordere von den Menschen, einander als Gleiche zu achten, obwohl sie es gar nicht seien. Dies sei für den Frieden und den Erhalt der Gesellschaft notwendig, denn nur so könnten die Menschen den verheerenden Konfrontationen entgehen, die dem Stolz, der Verachtung und dem Zerwürfnis über Wertvergleiche entspringen.

Wie Hobbes in seinen *Elements of Law* erklärt, ist die Gleichheit damit „von Natur aus" nicht deskriptiv, sondern ein Prinzip, „von dem die Menschen im Naturzustand denken, sie sollten es sich untereinander zugestehen".[1] Und indem er diese Schlussfolgerung als Naturgesetz formuliert, meint er: „Mithin sollten wir annehmen, dass die Natur um des Friedens willen das Gesetz verfügte, jeder Mensch solle den anderen als seines Gleichen anerkennen. Und der Bruch dieses Gesetzes ist das, was wir Stolz nennen."[2] Bei Hobbes sind die Menschen von Natur aus also weder gleich „geboren" noch gleich „geschaffen". Dennoch haben sie gute Gründe, sich gegenseitig als Gleiche anzuerkennen. Denn so (und nur so) könne man endlose Konflikte abwenden.

Ein solches Gleichheitsverständnis erscheint vernünftig, ganz unabhängig davon, ob wir es Hobbes verdanken oder nicht. Gewiss, wenn wir über Gleichheit unter den Menschen sprechen, dann denken wir in der Regel nicht daran, dass das Naturrecht auf Gleichheit um des Friedens willen bestehe. Theistische Vorstellungen, denen zufolge Gleichheit etwas ist, das Menschen in ihrem Verhältnis zu Gott eint, woraus im Christentum dann das Bild der Kinder Gottes entspringt, lasse ich hier außer Acht. Jenseits solcher Vorstellungen meinen die Menschen, wenn sie über Gleichheit reden, normalerweise entweder moralische Gleichheit oder Gleichheit unter Bürgern und Bürgerinnen. Moralische Gleichheit gilt dem menschlichen Leben mit seinen ganz besonderen Eigenschaften. Gattungsgeschichtlich zeichnen sich Menschen sowohl durch die Fähigkeit zur bewussten

---
1 Thomas Hobbes, *Menschliche Natur und politischer Körper*, Hamburg 2020.
2 Hobbes, a. a. O.

OpenAccess. © 2022 Mathias Risse, publiziert von De Gruyter. Dieses Werk ist lizenziert unter einer Creative Commons Namensnennung – Nicht kommerziell – Keine Bearbeitung 4.0 International Lizenz. https://doi.org/10.1515/9783110769975-004

Reflexion aus – die ein zumindest subjektives Gewahrsein davon impliziert, dass wir Entscheidungen treffen können – als auch durch eine hoch entwickelte Kooperationsfähigkeit. Moralische Gleichheit könnte damit naturalistisch verstanden werden: Sowohl dank ihres Gehirns mit seiner enormen Leistungsfähigkeit als auch der in sie investierten familiären und gesellschaftlichen Erziehung seien alle Menschen es wert, dass man ihnen gewisse Formen des Respekts entgegenbringt und Maßnahmen zu ihrem Schutz und ihrer Unterstützung ergreift.[3] Die *Allgemeine Erklärung der Menschenrechte* von 1948 ist ein prominenter Vorschlag dazu, was eine solche moralische Gleichheit in der Praxis einschließen mag.

Die zweite übliche Bedeutung von Gleichheit ist die Gleichheit unter Bürgern und Bürgerinnen. In modernen Staaten haben die Menschen Anteil an der Aufrechterhaltung kooperativer Ordnung, deren Befolgung durch die konstante Möglichkeit des Zwangs gewährleistet wird. Die Formen sozialer Kooperation berühren uns im Kern – schon allein dadurch, dass sie uns überhaupt erst zu dem machen, was wir sind. Und sie verlangen von uns auch die anhaltende Bereitschaft, uns den gesellschaftlichen Erwartungen zu unterwerfen. Wir alle sind diesen höchst zudringlichen Anforderungen gleichermaßen ausgesetzt und können im Gegenzug erwarten, ebenbürtige Teilnehmer zu sein am Entwurf eines Systems politischer und wirtschaftlicher Regeln, das letztlich weitgehend auf Übereinkunft beruht.

Wir können daher darauf bestehen, dass die Art und Weise, in der die Gesellschaft Regeln erlässt (Eigentumsregeln eingeschlossen), unsere Interessen angemessen berücksichtigt. Diese Form der Gleichheit könnte man im Sinne der zwei Gerechtigkeitsprinzipien von John Rawls verstehen. Das erste Prinzip garantiert jedem Bürger und jeder Bürgerin angemessene Grundrechte, die mit denselben Grundrechten für alle anderen Bürger und Bürgerinnen kompatibel sind. Das zweite Prinzip gewährt jedem eine wahrhaft faire Chancengleichheit im Bildungssektor und überall, wo Privilegien entstehen, und hält ansonsten nur solche wirtschaftlichen Ungleichheiten für annehmbar, die sich zum maximalen Vorteil der am meisten benachteiligten Mitglieder der Gesellschaft auswirken.[4]

Beide Auffassungen (moralische Gleichheit und Gleichheit unter Bürgern und Bürgerinnen) lassen ohnehin noch erhebliche Ungleichheiten zu, vor allem materieller Art, solange beide Grundsätze beachtet werden. Es gibt jedoch in beiden Bereichen auch Raum für Zweifel am Begründungsansatz. Was ist mit all den Ungleichheiten, die im täglichen Leben eine Rolle spielen, wenn es etwa um Intelligenz, Stärke, Attraktivität, Empathie oder die Fähigkeit zum Miteinander

---

[3] Ronald Dworkin, *Sovereign Virtue: The Theory and Practice of Equality*, Cambridge 2000.
[4] John Rawls, *Justice as Fairness: A Restatement*, Cambridge 2001.

geht? Lassen die uns nicht ungleich werden sowohl als Mensch unter Menschen wie auch als Mitglieder der Gesellschaft? Es gibt zwei Strategien, um diese Frage zu beantworten. Die eine liegt im Beharren darauf, dass im Vergleich zu dem, was uns als Spezies eint, die Unterschiede verschwindend gering seien. Philosophen und Philosophinnen würden sagen, was zählt, ist der *Eigenschaftsbereich:* Man ist entweder im Kreis oder nicht. Entscheidend ist letztlich, dass man drin ist, aber wenn man drin ist, kann man der Mitte nah oder fern sein. Die andere Strategie finden wir eben bei Hobbes. Schon die *moralische Gleichheit* sowie die *Gleichheit unter Bürgern* liefern uns im Ansatz grundsätzlich plausible Begründungen dafür, warum Menschen gleich seien. Der Hobbes'sche Vorstoß kann dann unsere Zweifel beruhigen, ob bestimmte Ungleichheiten aber letztlich nicht doch stärker gewichtet werden sollten. Der Vorstoß spricht zu denen, die darauf bestehen, dass einige unserer Ungleichheiten eine größere Rolle spielen sollten als unsere Gleichheiten.

II Ethnizität

Es scheint, als fänden die Menschen, seitdem sie in Gesellschaften zusammenleben, stets Wege, um Hierarchien einzuführen und einige Menschen über andere zu stellen. Lange Zeit wäre es Menschen unvorstellbar gewesen, sich als Lebewesen zu sehen, die unter Gleichen leben. Die Allgemeine Erklärung der Menschenrechte ist ein wahrhaft historisches Dokument, weil sie nicht nur genau darlegt, was menschliche Gleichheit beinhaltet, sondern auch eine moralische Blaupause bereitstellt für ein weltweites Netzwerk an Organisationen (also die Vereinten Nationen und ihre anhängenden Organisationen). Doch die Sorge der Verfasser und Verfasserinnen der Allgemeinen Erklärung der Menschenrechte, hierarchische Gesellschaften könnten sich weiter behaupten, war so groß, dass sie die Forderung der Nicht-Diskriminierung in den ersten beiden Artikeln gleich zweimal erhoben haben:

> Alle Menschen sind frei und gleich an Würde und Rechten geboren. Sie sind mit Vernunft und Gewissen begabt und sollen einander im Geiste der Brüderlichkeit begegnen. (Art. 1)
>
> Jeder hat Anspruch auf alle in dieser Erklärung verkündeten Rechte und Freiheiten, ohne irgendeinen Unterschied, etwa nach Rasse, Hautfarbe, Geschlecht, Sprache, Religion, politischer oder sonstiger Anschauung, nationaler oder sozialer Herkunft, Vermögen, Geburt oder sonstigem Stand. Des Weiteren darf kein Unterschied gemacht werden auf Grund der politischen, rechtlichen oder internationalen Stellung des Landes oder Gebietes, dem eine Person angehört, gleichgültig ob dieses unabhängig ist, unter Treuhandschaft steht, keine Selbstregierung besitzt oder sonst in seiner Souveränität eingeschränkt ist. (Art. 2)

Artikel 1 benennt den wesentlichen Punkt der Gleichheit. Artikel 2 stellt sicher, dass wir keine Ausnahmen gestatten, indem wir bestimmte Gruppen aus dem Reich der Gleichheit ausschließen. Ein typischer Grund für eine solche Ausnahme wäre – vor allem in den Jahrzehnten vor der Allgemeinen Erklärung – die ethnische Herkunft (*race*) gewesen, die in Artikel 2 als allererster Grund, der keine Ausnahme gestattet, genannt wird.

Die Verfasser und Verfasserinnen dürften wohl an die rassistische Ideologie des Nationalsozialismus gedacht haben, die kurz zuvor Millionen Menschen in den Tod geschickt hatte. Gleichwohl war ihnen auch bewusst, dass in der vom europäischen Kolonialismus seit dem späten 15. Jahrhundert geprägten Welt Rassismus weiterhin gang und gäbe war. Biologisch verstandener Rassismus bildete einen großen Teil des Kleisters, der die in jener Periode dominierende weiße Überlegenheitsauffassung zusammenhielt. In ihm werden die Volksgruppen naturalistisch als Träger biologisch bestimmter Verhaltensmerkmale dargestellt. Diese Merkmale gelten hier als natürliche Eigenschaften, die (1) vererblich sind, (2) von allen Mitgliedern der Ethnie und nur von solchen geteilt werden und (3) Verhalten, Charakter und Kultur erklären. Als Beleg dafür, welch enorm schädliche und beharrliche Auswirkungen diese Doktrin hatte, sei nur daran erinnert, auf wie viele Weisen die meisten Länder des amerikanischen Kontinents auch durch die Ankunft gewaltsam entführter Afrikaner und Afrikanerinnen geprägt wurden. Es wäre gar nicht möglich gewesen, deren Versklavung anders als durch eine solche Doktrin zu rechtfertigen.[5]

Die Allgemeine Erklärung der Menschenrechte – das Credo des politischen und wirtschaftlichen Systems, das nach dem Zweiten Weltkrieg entstehen sollte – weist den biologischen Rassismus klar zurück. Aber ist dann mit Ethnizität im Sinne von *race* überhaupt noch etwas anzufangen? Gibt es überhaupt noch einen Grund, über die mit diesen Begriffen verbundenen Unterscheidungen zu reden? Darauf gibt es zwei Antworten. Die erste spricht ein schallendes „Nein" aus: die Welt sei ohne das Reden über *race* besser dran (*racial scepticism*). Da der biologische Rassismus ohne wissenschaftliche Grundlage ist, kann sich *race* nicht auf etwas Reales beziehen. Mithin ist es höchste Zeit, dass wir derlei Gerede, um einer besseren Zukunft willen, unterlassen. Diese Auffassung vertreten etwa Anthony Appiah und Naomi Zack.[6]

Dem widerspricht allerdings der ethnische Konstruktivismus (*racial constructivism*). Dieser Auffassung zufolge kommen wir – in unserem historisch ge-

---

[5] Robert L., Paquette, Mark M. Smith (Hg.), *The Oxford Handbook of Slavery in the Americas*, Oxford; New York 2010.
[6] Kwame Anthony Appiah, *The Lies That Bind: Rethinking Identity*, New York City 2019; Naomi Zack, *Philosophy of Science and Race*, New York 2002.

wachsenen sozialen Leben – ohne den Begriff *race* nun einmal nicht aus, müssen ihn aber unbedingt als ein soziales Konstrukt verstehen, dem keine biologische Realität entspricht. Die Verwendung dieses Begriffs hat gewiss lange Zeit gravierende Ungleichheit in Ressourcen, Lebenschancen und Wohlergehen hervorgebracht. Aber gerade daher muss man diesen Begriff nun bewahren, um eine durch ethnische Kategorien begründete Entschädigung für konstruierte, aber eben doch sozial relevante Ungleichheit zu erleichtern. Eine Version dieser Auffassung vertritt etwa W. E. B. Du Bois – ein herausragender Forscher und Aktivist, der mehr oder weniger im Alleingang eine philosophische Untersuchung von Rassebegriff und Rassismus im amerikanischen Kontext ins Leben gerufen hat. Für Du Bois – der darauf bestand, dass sein Name amerikanisch auszusprechen sei, nicht französisch, also wie *boys*, die Jungs – zählen Gruppen dann und nur dann als spirituell unterschiedliche Ethnien, wenn ihre Mitglieder eine gemeinsame Geschichte sowie gemeinsame Traditionen, Antriebe und Bestrebungen haben. Eine gemeinsame Abstammung oder Sprache braucht es nicht. Jede Gruppe hat ihre eigene Spiritualität, und ein Großteil von Du Bois' Arbeiten ist darum bestrebt, schwarzen Menschen (in den USA und anderswo) zu helfen, im Zeitalter nach der Sklaverei ihre Spiritualität zum Ausdruck zu bringen und gleichrangig mit anderen Spiritualitäten zu entwickeln.[7]

Aber dann gibt noch einen dritten, populationsgenetischen Ansatz, Ethnizität im Sinne von *race* zu verstehen, der weder auf einen *race scepticism* noch auf einen *race constructivism* reduziert werden kann. Diesem Ansatz zufolge könnten genetische Unterschiede zwischen Menschengruppen existieren. Sie bildeten aber ausdrücklich keine exklusive Menge biologischer Merkmale, die alle Mitglieder einer bestimmten Menschengruppe – und eben nur sie – teilten. Also könne mit diesem Ansatz auch keine biologische Grenze zwischen Gruppen gezogen werden, die den bekannten Rassestereotypen entspräche. Es gebe aber dennoch statistische Häufungen gemeinsamer Eigenschaften von Menschen, die aus der reproduktiven Isolation ihrer Vorfahren in verschiedenen Weltregionen resultierten. Anders formuliert, die statistische Verteilung genetischer Eigenschaften auf menschliche Populationen spiegelt wider, was verschiedene Bevölkerungsgruppen regional durch Fortpflanzung weitergeben bzw. nicht weitergeben konnten, als sich der *homo sapiens* über die Welt verteilte.

Eine Version dieser Sichtweise hat jüngst der Genetiker David Reich (2019) vorgelegt. Er betrachtet die genetischen Konsequenzen reproduktiver Isolation und legt dar, dass es nicht sinnvoll sei, die historische Ausbreitung der Menschheit mit einem Baum zu vergleichen, denn die Äste eines Baumes wachsen nach

---

7 William Edward Burghardt Du Bois, *The Souls of Black Folk*, New York 1994.

einer Abzweigung nicht zurück.[8] Für das Auftreten verschiedener Spezies sei der Baum zwar eine nützliche Metapher, „aber für menschliche Populationen ist er eine gefährliche Analogie." Stattdessen schlägt Reich die Metapher eines Gitters oder Spaliers vor, mit „Verzweigungen und Vermischungen, die in die tiefe Vergangenheit zurückreichen".[9] Ein Baum entwickelt sich eben nur durch voranschreitende Verästelung, aber in einem Gitter oder Spalier können Komponenten voneinander abweichen und dann doch an einem anderen Punkt wieder zusammenkommen. Bevölkerungen ziehen umher, und Episoden reproduktiver Isolation können mit der Ankunft einer neuen Gruppe, die ebenfalls einer reproduktiven Isolation entsprungen sein mag, zu Ende gehen (Verzweigungen und Vermischungen eben). Reich berichtet von bahnbrechenden Fortschritten, die in den letzten zwanzig Jahren bei der Rückverfolgung historischer DNS erzielt wurden. Sie versetzten uns in die Lage, ziemlich genau festzustellen, welcher Anteil der genetischen Abstammung eines Menschen beispielsweise 500 Jahre zurück nach Westafrika führe. Solche Erkenntnisse lehren uns, dass, auch wenn Rasse ein soziales Konstrukt ist, Unterschiede in der genetischen Abstammung, die zum Teil mit diesem Konstrukt korrelieren, biologisch real sind.

Diese Auffassung ist für die radikalen Versionen sowohl des Skeptizismus wie auch des Konstruktivismus in Bezug auf den Begriff der Rasse eine Herausforderung. Die Erforschung historischer DNS erscheint als eine gefährliche Wissenschaft. Es mag sogar so aussehen, als öffne sie neue Türen für den biologischen Rassismus früherer Tage, der längst wissenschaftlich widerlegt wurde und enormen Schaden in der Welt angerichtet hat. Reich selbst befürchtet, dass die genetische Forschung arg missverstanden und auch aktiv missbraucht werden könnte. In einem Leitartikel in der *New York Times*, der einer breiteren Diskussion den Weg bahnen sollte, bringt er die Befürchtung zum Ausdruck,

> dass wohlmeinende Menschen, die die Möglichkeit substantieller biologischer Unterschiede zwischen menschlichen Populationen verneinen, sich in eine aussichtslose Position manövrieren, die dem Ansturm der Wissenschaft nicht standhalten wird. Mich sorgt aber auch, dass Entdeckungen, welche auch immer gemacht werden – und wir wissen derzeit wirklich nicht, wie sie ausfallen – als „wissenschaftliche Beweise" dafür herangezogen werden könnten, dass rassistische Vorurteile und Agenden schon immer richtig waren, und dass dann dieselben wohlmeinenden Menschen nicht genug von der Wissenschaft verstehen, um diese Behauptungen zurückzuweisen.[10]

---

8 David Reich, *Who We Are and How We Got Here: Ancient DNA and the New Science of the Human Past*, Oxford 2019.
9 Reich 2019, a. a. O., S. 81.
10 David Reich, „How Genetics Is Changing Our Understanding of ‚Race'", *New York Times*, 23.03.2018.

Und diese Sorge ist wohlbegründet, sowohl in den USA als auch anderenorts. In den vergangenen Jahren gab es viele Bemühungen, sich auf die rasche Abfolge rassistischer Ereignisse einen Reim zu machen, die durch weißen Nationalismus, Überlegenheitsauffassung und Xenophobie befeuert wurden. Fürsprecherinnen und Fürsprecher solcher Auffassungen neigen dazu, recht skrupellos alles Mögliche heranzuziehen, das auch nur entfernt so klingt, als könne es ihren Standpunkt rechtfertigen oder ihre Gegner und Gegnerinnen in Verlegenheit bringen.

Dass Forschung missverstanden oder missbraucht werden kann, sollte nun gewiss kein Grund sein, sie aufzugeben. Wir haben ein legitimes Interesse daran, zu verstehen, wie sich die Menschheit entwickelt hat. Und zusammen mit den schnell wachsenden Möglichkeiten der Medizin könnte ein vertieftes Verständnis von Populationsgenetik gezielte prophylaktische oder therapeutische Maßnahmen für Menschen mit einer bestimmten Abstammung ermöglichen. Es muss aber klar sein, wohin wir uns damit bewegen. Wenn sich die Forschungen von Reich und anderen bestätigen, können wir nicht länger darauf pochen, dass die Rede von Rassen – ungeachtet des unerträglichen Schadens, den sie angerichtet hat – per se unbegründet sei und der Rassebegriff nichts als eine konstruierte Fiktion sei. Gleichzeitig sollte man vielleicht darüber nachdenken, im Deutschen einen sprachlichen Usus zu kultivieren, der den Rassebegriff als solchen dennoch vermeidet. Denn der geteilte Kontext mit dem Nationalsozialismus wird im deutschen Gebrauch dieses Begriffes wohl unauflöslich sein.

Eine optimistische Perspektive wäre, die Vielfalt zu preisen, die die Dynamik menschlicher Populationen unter dem Schutzschirm einer gemeinsamen Humanität ermöglicht hat. Und das ist schließlich eine Vielfalt, die nie damit einherging, dass *homo sapiens* aufgrund eines Verlustes an Kreuzungsmöglichkeiten in verschiedene Spezies zerfiel. Gegen Ende seines Buches schreibt Reich selbst zu genau diesem Thema:

> Die Vermischung in der Geschichte unserer Spezies bedeutet im Kern, dass wir alle miteinander verbunden sind und auch künftig mit allen in Verbindung stehen werden. Das Narrativ der Verbindung erlaubt es mir, mich auch dann jüdisch zu fühlen, wenn ich nicht von den Matriarchinnen und Patriarchen der Bibel abstamme. Ich fühle mich als Amerikaner, auch wenn ich nicht von amerikanischen Ureinwohnern oder von den ersten europäischen Siedlern abstamme. Ich spreche Englisch, eine Sprache, die meine Vorfahren vor hundert Jahren nicht gesprochen haben. Ich komme aus einer intellektuellen Tradition, der europäischen Aufklärung, die nicht jene meiner direkten Vorfahren ist. Ich beanspruche diese Dinge als meine eigenen, auch wenn sie nicht von meinen Vorfahren erfunden wurden und ich keine enge genetische Verbindung zu ihnen habe. Unsere jeweiligen Vorfahren sind nicht der wesentliche Punkt. Unser Genom versorgt uns mit einer gemeinsamen Geschichte, die uns dann, wenn wir gut auf sie achten, eine Alternative zu den Übeln des Rassismus und

Nationalismus bietet und uns erkennen lässt, dass wir alle gleichermaßen ein Anrecht auf das menschliche Erbe haben.[11]

Dem stimme ich vollkommen zu. Doch es ist genau diese in Zeiten von Globalisierung entstandene liberale Grundhaltung, die neuerdings einer Vielzahl von Anfeindungen ausgesetzt ist.

Beruhigend ist, dass die verschiedenen Auffassungen von Gleichheit, die ich oben vorgestellt habe, mit den genannten populationsgenetischen Erkenntnissen vollkommen vereinbar sind. Gerungen wird jedoch an drei Punkten: erstens darum, wie die Relevanz der Erkenntnisse der genetischen Forschung am besten zu erklären ist, zweitens darum, wie in öffentlichen Debatten grundlegende Unterschiede zwischen der populationsgenetischen Auffassung menschlicher Herkunft und dem biologischen Rassismus erklärt werden können, also worin der populationsgenetische Naturalismus sich vom früheren rassischen Naturalismus drastisch unterscheidet; und schließlich darum, wie es möglich ist, die menschliche Vielfalt, die aus der Herkunft von Menschen resultiert, zu preisen, ohne in einen liberalen Triumphalismus zu verfallen, der nur neuen Demagogen die Tür öffnen würde.

III Allgemeine Künstliche Intelligenz

Wir unterbrechen an dieser Stelle unsere Erörterung „gefährlicher Forschung" in der Genetik, werden sie aber später wieder aufnehmen. Zunächst wollen wir uns einem anderen Typus potentiell bedrohlicher Wissenschaft zuwenden, der Informatik und der Entwicklung *Allgemeiner Künstlicher Intelligenz*. Die allgemeine KI ist eine Form maschineller Intelligenz, die menschlichen Leistungen in einem breiten Spektrum von Bereichen nahekommt. Sie muss daher von den spezialisierten Formen der KI unterschieden werden, die uns aus verschiedenen, aber eben sehr spezialisierten Bereichen des Lebens schon bekannt sind. Man denke, was die spezialisierte KI betrifft, etwa an Programme, die Menschen beim Schach oder Go besiegen, oder auch an die spezialisierte KI in Geräten wie Smartphones oder in den Programmen von Internetplattformen wie Netflix, die maschinelles Lernen nutzen, um Filmempfehlungen abzugeben.

Momentan sind wir von einer *Allgemeinen Künstlichen Intelligenz* weit entfernt. Die letzten Jahrzehnte haben gezeigt, wie anspruchsvoll gerade die Nachahmung vieler alltäglicher menschlicher Handlungen ist, die in vielfältiger und

---

[11] Reich 2019, a. a. O., S. 273.

kontextspezifischer Weise Beweglichkeit, Nachdenklichkeit und Kommunikation vereinbaren. „Weit entfernt" meint hier aber „im Sinne bestehender technischer Möglichkeiten" und ist eben gerade nicht zeitlich gemeint. Wir wissen nicht, wie bald allgemeine KI eine Realität sein wird, denn wenige technische Durchbrüche könnten die Dinge enorm beschleunigen. Sobald wir eine Maschine mit allgemeiner KI haben, die klüger ist als wir, wird diese vielleicht eine andere Maschine herstellen, die wiederum klüger ist als *sie selbst*, und so weiter – und dies womöglich mit rasender Geschwindigkeit. Der Punkt, ab dem dies der Fall ist, ist auch unter dem Stichwort *Singularität* bekannt: eine Intelligenzexplosion mit möglicherweise dramatischen Konsequenzen, in Dimensionen, die weit über das hinausreichen, was die Menschheit je an Veränderungen erlebt hat.[12]

Tatsächlich wissen wir nicht, wann, und nicht einmal ob überhaupt, eine solche Technologie jemals existieren wird. Expertinnen und Experten ziehen diese Möglichkeit jedoch ernsthaft in Betracht. Die Entwicklung der Forschung bestärkt Beobachter darin, der zukünftigen Existenz einer *Allgemeinen Künstlichen Intelligenz* eine nicht vernachlässigbare Wahrscheinlichkeit zuzuschreiben. Informatiker und Informatikerinnen wie auch Ingenieure und Ingenieurinnen verstehen den Aufbau und die Funktionsweise unseres Gehirns immer besser. Angeregt durch das, was Jahrmillionen Evolution erreicht haben, um das menschliche Hirn zu erschaffen, hat man auf verblüffende Weise neuronale Netze zum Zwecke maschinellen Lernens entwickelt. Man kann unmöglich vorhersagen, wie lange es dauern wird, bis man in diesen Bereichen die Biologie eingeholt haben wird, aber offenbar hat man einen ungemein vielversprechenden Weg in die Zukunft entdeckt. Und sobald die Nachahmung der auf Kohlenstoff basierenden Evolution zu einer allgemeinen KI geführt hat, wird diese wohl auf Dauer der natürlichen Intelligenz überlegen sein. Darüber hinaus wird dieser Entwicklungsprozess eine Reihe von Möglichkeiten bieten, die Gebrechlichkeiten des Menschen und seine Begrenztheit zu beseitigen und all jene Fähigkeiten auszubauen, die die menschliche Evolution bereits hervorgebracht hat.

Vielleicht wird es einmal ein vollentwickeltes *Leben 3.0* geben, dessen Teilnehmer und Teilnehmerinnen nicht nur ihren *kulturellen* Kontext selbst erschaf-

---

[12] Zum Stand der Dinge in der KI-Forschung vgl. Mitchell, *Artificial Intelligence*, New York/London 2019. Zu Aussichten und Bedenken vgl. z. B. Nick Bostrom, *Superintelligence. Paths, Dangers, Strategies*, Oxford 2016; Max Tegmark, *Life 3.0: Being Human in the Age of Artificial Intelligence*, New York, 2017. Siehe auch Jamie Susskind, *Future Politics. Living Together in a World Transformed by Tech*, Oxford, New York 2018. Eine optimistische Ansicht bietet Ray Kurzweil, *The Singularity Is Near. When Humans Transcend Biology*, New York 2006. Für neuere Überlegungen zur Zukunft von einer Reihe von KI-Experten siehe John Brockman (Hg.), *Possible Minds. Twenty-Five Ways of Looking at AI*, New York 2019.

fen (wie es schon im Leben 2.0 der Fall war, das sich wiederum aus dem evolutionären und vor-kulturellen Leben 1.0 entwickelt hat), sondern auch ihre *physischen Gestalten*.[13] Leben 3.0 könnte von genetisch weiterentwickelten Menschen, Cyborgs und hochgeladenen Gehirnen bevölkert sein. Wenn es eine Singularität gibt, dann wären genetisch oder technologisch unveränderte Menschen diesen anderen Existenzformen geistig unterlegen und fänden das Leben 3.0 womöglich abweisend oder sogar unerträglich. Aber vielleicht kommt es dazu nicht: Sobald synthetische Lebensformen (wie etwa Cyborgs) existieren, besteht wohl auch die Chance für eine Technologie der genetischen und technologischen Weiterentwicklung des Menschen.

Wir müssen das menschliche Gehirn in demselben evolutionär-komparativen Rahmen verstehen wie alles andere Leben auf unserem Planeten. Alle Nervensysteme hier funktionieren nach denselben elektrochemischen Prinzipien der Informationsverarbeitung, die vor mehr als einer Milliarde Jahren entstanden sind. Dementsprechend gibt es einen erstaunlichen Grad an Gemeinsamkeit in den kognitiven Fähigkeiten von Wirbeltieren und wirbellosen Tieren. Im Vergleich dazu wird eine *Allgemeine Künstliche Intelligenz*, obwohl sie ursprünglich von Menschen geschaffen wurde, einer außerirdischen Intelligenz ähnlich sein, da sie nicht aus unserem gemeinsamen evolutionären Rahmen hervorgehen wird. Silikon ist dem Gehirn in der Informationsverarbeitung überlegen, und die Möglichkeit des Hochladens von Künstlicher Intelligenz in Silikonkörper würde solchen Wesen eine Beinahe-Unsterblichkeit verleihen und sie auch unter Bedingungen überleben lassen, die für kohlenstoffbasiertes Leben tödlich wären.

Maschinelle Intelligenz könnte auch einen „Geist" (*mind*) haben, und zwar in jeder Hinsicht, in der ihn auch Menschen haben. Für alle, die ohnehin glauben, die Welt bestehe nur aus Partikeln und Wellen – also die Art von Dingen, die in physikalischen Erklärungen auftauchen –, dürfte diese Vorstellung letztlich unproblematisch sein. Eine zunehmende Komplexität und Raffinesse im Bau elektronischer Maschinen in Kombination mit ständig wachsenden Rechenleistungen könnten schließlich einen „Geist" hervorbringen, der in jeder Hinsicht dem Bewusstsein von Menschen vergleichbar wäre. Man kann sich allerdings auch vorstellen, dass es in der Welt mehr gibt, als die Naturwissenschaften annehmen. Aber auch dann können wir zu diesem Zeitpunkt keineswegs ausschließen – ganz gleich, welche nicht-physikalischen, geistigen Eigenschaften oder Substanzen es geben mag, dass jene Eigenschaften oder Substanzen sich irgendwann mit solchen Maschinen genauso verbinden könnten wie mit Menschen, mit Silikon vielleicht genauso wie mit Kohlenstoff. Dies könnte sogar möglich sein, wenn das

---

13 Tegmark, a. a O.

Mentale (der besagte Geist) die Form einer Seele hätte. Wenn Gott menschliche Körper der Seelen für wert befunden hat, warum sollten dann nicht auch Maschinen infrage kommen?

Letztlich geht es jedoch noch nicht einmal darum, dass Maschinen „wie" Menschen werden können. Entscheidend ist, dass wir womöglich nicht umhinkommen werden, Maschinen einen eigenen moralischen Status zuzuordnen. Das wäre dann ein Status, der höchstwahrscheinlich weder auf den des Menschen reduzierbar ist noch auf den, den wir Tieren zugestehen, die uns in der Regel als Haus- oder Zootiere oder als Teil von Gerichten auf unseren Mittagstischen begegnen. Im Gegensatz dazu würde wohl die Allgemeine Künstliche Intelligenz in etwas durchsetzungsfähigerer Weise in unsere moralische Praxis hineinwirken. Irgendwann könnte vielleicht nur eine Art *Kohlenstoff-Chauvinismus* (Tegmark) überhaupt noch dazu motivieren, Künstliche Intelligenzen aus dem moralischen Diskurs auszuklammern und ihnen gar keinen moralischen Status zuzugestehen – also eine Einstellung, die das so sehen würde, bloß weil „wir" aus Kohlenstoff sind und „die" eben nicht.

IV Was uns die Zukunft bringen mag

Manche Forscher und Forscherinnen sind hinsichtlich der Chancen des derzeitigen und künftigen technologischen Fortschritts optimistisch. James Lovelock etwa denkt, dass Cyborgs uns damit helfen könnten, den Klimawandel abzuschwächen, und auch damit, uns besser auf ihn einzustellen. Künstliche Intelligenzen würden den Ernst der Lage erkennen, herausfinden, was zu tun ist, und dann sicherstellen, dass wir gemeinsam diese Herausforderungen auch angehen und meistern. Lovelock sieht keine Gefahr darin, dass sich solche Wesen gegen uns stellen könnten. Denn dies würde mehr Energie verbrauchen, als hochintelligente Wesen angesichts des Klimawandels aufwenden würden.[14] Stephen Hawking dagegen steht für eine pessimistische Position. Er warnte davor, dass *Allgemeine Künstliche Intelligenz* das Schicksal der Menschheit bestimmen könnte. Ihre möglichen Vorteile seien gewaltig, so schrieb er, und ein „Erfolg in der Erschaffung der KI wäre das größte Ereignis in der Geschichte der Menschheit." Aber, so fügt er dann sofort hinzu, es „könnte aber auch das letzte [solche Ereignis, MR] sein, es sei denn, wir lernen, die Risiken zu vermeiden."[15] Im Ge-

---

14 James Lovelock, *Novacene: The Coming Age of Hyperintelligence*, Cambridge 2020.
15 „Stephen Hawking: ‚Transcendence Looks at the Implications of Artificial Intelligence – But Are We Taking AI Seriously Enough?'" *Independent*, 01.05.2014.

gensatz dazu meint etwa Steven Pinker (2019), wir hätten gar keinen Grund zur Annahme, dass die Moralität einer Künstlichen Intelligenz zu destruktiven Handlungen gegen uns Menschen führen würde. Im Gegenteil: solche Handlungen lassen sich aus dem kompetitiven Kontext der Evolution ableiten und würden damit einer Künstlichen Intelligenz gewissermaßen gar nicht in den Sinn kommen.

Die möglichen Vorteile Künstlicher Intelligenz sind in der Tat gewaltig, und wir sollten ihre Entwicklung behutsam vorantreiben. Wir müssen sicherstellen, dass die Kodierung der KI, die wir jetzt herstellen, alle künftigen Versionen auf die richtigen Wertabstimmungen mit den Menschen vorbereitet und dass weltweit angemessene Regeln und Institutionen etabliert werden, die die Auswirkungen dieser Technologie kontrollieren. Steven Pinker bringt es auf den Punkt, wenn er mit Blick auf den Einfluss Künstlicher Intelligenz etwa auf die Meinungsfreiheit schreibt: „[B]einahe alle Veränderungen, die die Meinungsfreiheit in Raum und Zeit erfahren hat, wurden von Unterschieden in den Normen und Institutionen vorangetrieben, und nahezu keine durch Unterschiede in der Technologie."[16] Der Kontrast hier ist gewiss überzogen, denn Technologie bestimmt auch mit, welche Formen menschlicher Existenz möglich werden, und daher auch, welche Normen und Institutionen möglich werden. Aber wir haben dennoch Grund zu glauben, dass Technologie sich zum Guten und zum Bösen wenden kann. Und es liegt an uns, sicherzustellen, dass Ersteres geschieht.

Wenn wir darüber nachdenken, welche Normen und Institutionen wir brauchen, damit die allgemeine KI dem menschlichen Leben zuträglich ist (in Sachen Meinungsfreiheit und vielem anderen mehr), dann dürfte der Atomwaffensperrvertrag ein gutes Beispiel abgeben. Der Vertrag ist ein internationales Abkommen, das die Verbreitung nuklearer Waffentechnologie unterbinden, die Zusammenarbeit in der friedlichen Nutzung nuklearer Energie fördern und die atomare Abrüstung vorantreiben soll. Auch die Atomenergie besaß ein großes positives Potential bei gleichzeitiger tödlicher Gefahr, und über die von ihr ausgehende Bedrohung wurde international verhandelt. Eine analoge Herangehensweise in Bezug auf allgemeine KI würde verhindern, dass einige Länder beschließen, deren künftige Entwicklung zu beenden, nur um dann festzustellen, dass andere sie eben doch weiter vorantreiben.

Aber kommen wir zur eigentlichen Frage: Bedroht die Erforschung und Entwicklung Künstlicher Intelligenz unser philosophisches Verständnis von Gleichheit? Wenn (allgemeine) Künstliche Intelligenzen irgendwann einen eigenen

---

[16] Steven Pinker, „Tech Prophecy and the Underappreciated Causal Power of Ideas", in: Brockman (Hg.), a. a. O., S. 100–112.

moralischen Status haben sollten, würde dies auch bedeuten, dass wir Menschen grundsätzlich überdenken müssten, wie nicht-humane Wesen Eingang in unsere moralischen Gepflogenheiten finden. Unsere Vorstellungen über Künstliche Intelligenz könnten uns auch dazu veranlassen, unseren Umgang mit nichtmenschlichen Tieren in der jetzigen Zeit zu überdenken, in der es noch keine weiter fortgeschrittenen Intelligenzen als uns Menschen gibt. Wir kamen bisher ja nur deshalb ohne Widerspruch mit unserer moralischen Praxis gegenüber anderen Tieren davon, weil wir niemals gegenüber solchen Tieren Rechenschaft ablegen mussten. Aber wie dem auch sei, selbstverständlich stellt *nichts von dem* unsere Verpflichtung gegenüber der moralischen Gleichheit aller Menschen infrage.

Eine ernsthafte Bedrohung des Gleichheitsideals ergibt sich aber spätestens dann doch, wenn angesichts etwa von Cyborgs, hochgeladenen Gehirnen und weiterentwickelten Algorithmen, die in physischen Apparaten eingebaut sind, immer mehr Menschen sich diesen angleichen wollen und dabei Technologien einsetzen, die sie auf eine transhumane Ebene heben.[17] Wie Norbert Wiener, dessen Entwicklung der Kybernetik die Vorarbeit für die spätere Arbeit an der KI geleistet hat, 1964 feststellte: „Die Welt der Zukunft wird mehr denn je ein mühsamer Kampf gegen die Grenzen unserer Intelligenz werden, keine bequeme Hängematte, in die wir uns legen können, um von unseren Roboterslaven bedient zu werden."[18]

Ich sagte, *spätestens dann*, denn es könnte schon die bloße Fortentwicklung der Künstlichen Intelligenz sein, und nicht erst der Moment der Singularität, wodurch sich das Menschsein grundlegend verändert. Vielleicht ist es der zunehmend von uns entfesselte Wettbewerb um die Technologie, der die größte Herausforderung für unser hartumkämpftes Gleichheitsideal sein wird. Oder vielleicht sind es die Ansprüche, die in Anbetracht einer sich stetig verbessernden Technologie wachsen und Menschen zu dem Ansinnen verleiten, selbst immer „besser" werden zu wollen oder „besseren" Nachwuchs haben zu wollen. Die Bedeutung von „Verbesserung" läge unweigerlich darin, sich um genetische und technische Verbesserungen zu bemühen, welche die durch die Technologiefortschritte entstandenen Ambitionen befriedigen.

---

[17] David Livingstone, *Transhumanism: The History of a Dangerous Idea*, CreateSpace Independent Publishing Platform 2015; Max More, Natasha Vita-More (Hg.), *The Transhumanist Reader: Classical and Contemporary Essays on the Science, Technology, and Philosophy of the Human Future*, Chichester 2013.
[18] Norbert Wiener, *God and Golem, Inc.: a Comment on Certain Points Where Cybernetics Impinges on Religion*. Cambridge 1964.

Diese Verbesserung wird dann jedoch nicht allen zugänglich sein und wahrscheinlich nicht einmal den meisten. Deshalb allein schon braucht es mehr Austausch über eine potentiell gefährliche Wissenschaft, was dann auch die Genetik wieder zurück ins Gespräch bringen würde. Nur wäre diesmal größtenteils nicht die Populationsgenetik von Interesse, sondern die angewandte Genetik, die eine Anleitung zur weiteren Entwicklung des Menschen bietet, außerdem die Bioelektronik (die Gerätschaften produzieren könnte, die direkt mit dem Gehirn gekoppelt werden), die synthetische Biologie (Umgestaltung von Organismen, indem man sie so arrangiert, dass sie neue Fähigkeiten haben) sowie alle Wissenschaften, die mit der Entwicklung von Medikamenten befasst sind.

Wenn wir nicht aufpassen, könnte das Ende vom Lied sein, dass Hobbes' Argumente für die gegenseitige Anerkennung als Gleiche ihre Gültigkeit verlieren. Die Unterschiede zwischen den Menschen könnten so groß werden, dass die Voraussetzungen dieser Argumente einfach nicht länger erfüllt sind und all die Abscheulichkeiten freigesetzt würden, die Hobbes zurückdrängen wollte. Wir befänden uns dann sogar möglicherweise in der erschreckenden Situation, dass aus derselben Spezies mindestens zwei Formen menschlichen Lebens hervorgegangen sind. Und es ist gut möglich, dass wir ein solches Szenario nur dadurch abwehren können, dass wir irgendwann genetische und andere technologische Entwicklungsmöglichkeiten sehr breit zugänglich machen.

Nicole C. Krämer

Die Schwierigkeit, Künstliche Intelligenzen zu verstehen – Psychologische Befunde zur Mensch-Technologie-Interaktion

Maschinelles Lernen und Künstliche Intelligenz bringen Algorithmen hervor, die scheinbar ähnlich „intelligente" Entscheidungen wie Menschen treffen können, dabei aber anders funktionieren als das menschliche Denken. Um auf der Grundlage maschineller Vorschläge Entscheidungen zu treffen, sollten Menschen in der Lage sein, die Hintergründe dieser Vorschläge zu verstehen. Da Menschen allerdings darauf ausgerichtet sind, menschliche Intelligenzen zu verstehen, ist offen, ob sie tatsächlich durch maschinelles Lernen entstandenes „Denken" verstehen können oder ob sie nicht lediglich menschenähnliche kognitive Prozesse auf Maschinen projizieren. Hinzu kommt, dass mediale Darstellungen Künstlicher Intelligenz höhere Fähigkeiten und eine größere Menschenähnlichkeit suggerieren, als sie gegenwärtig tatsächlich vorliegen.

I Künstliche „außerirdische" Intelligenz

In unserem täglichen Leben begegnen wir immer häufiger Assistenzsystemen, die auf Basis intelligenter Algorithmen menschliche Aufgaben und Entscheidungen erleichtern sollen. Diese Algorithmen basieren überwiegend auf Technologien maschinellen Lernens (*machine learning*), die es ermöglichen, durch die Analyse großer Datenmengen bislang unbekannte Zusammenhänge und Muster zu entdecken. Ein Beispiel ist die maschinelle Analyse Tausender von Röntgenbildern von Kranken und Gesunden. Sie soll ermitteln, durch welche Muster die als „gesund" von denen als „krank" annotierten Bilder unterschieden werden können, und einen Algorithmus finden, der letztere identifiziert. Mittlerweile werden so entstandene „trainierte" Algorithmen in verschiedenen Anwendungsbereichen genutzt, nicht nur für medizinische Diagnosen,[1] sondern auch bei der Vorauswahl von BewerberInnen auf eine Stellenausschreibung oder bei der Kommunikation

---

[1] Felix Nensa, Aydin Demircioglu, Christoph Rischpler, „Artificial Intelligence in Nuclear Medicine", *Journal of Nuclear Medicine* 60/1, 2019, S. 1–9, https://doi.org/10.2967/jnumed.118.220590.

OpenAccess. © 2022 Nicole C. Krämer, publiziert von De Gruyter. [CC BY-NC-ND] Dieses Werk ist lizenziert unter einer Creative Commons Namensnennung – Nicht kommerziell – Keine Bearbeitung 4.0 International Lizenz. https://doi.org/10.1515/9783110769975-005

mit Hilfe von Sprachassistenten.² Diese werden durch intelligente Algorithmen befähigt, im Rahmen kleiner Unterhaltungen Internetservices anzubieten.

Der Physiker und Wissenschaftsjournalist Harald Lesch sagt mit Blick auf sein zusammen mit Thomas Schwarz geschriebenes Buch *Unberechenbar*,³ die Entwicklung Künstlicher Intelligenz sei damit zu vergleichen, dass wir uns Außerirdische auf die Erde geholt hätten. Mit dem maschinellen Lernen sei eine bisher unbekannte Form der Intelligenz erschaffen worden, die garantiert nicht menschlich sei. Das vorliegende Kapitel diskutiert vor diesem Hintergrund, ob sich Formen der Künstlichen Intelligenz, wie sie aktuell öffentlich diskutiert werden, substanziell vom menschlichen Denken unterscheiden. Im Weiteren soll erörtert werden, inwieweit Menschen das Funktionieren Künstlicher Intelligenzen, die durch maschinelles Lernen entstanden sind, in der Interaktion mit ihnen nachvollziehen können. Abschließend sollen Risiken und Chancen gegeneinander abgewogen werden.

II Unterschiede von menschlichem und maschinellem „Denken"

Leschs Behauptung, dass Künstliche Intelligenz garantiert nicht menschlich sei, mutet zunächst seltsam an, denn die Forschung zur Künstlichen Intelligenz hatte ursprünglich sehr wohl auch die Nachbildung menschlicher Intelligenz im Sinn. Zudem wird Künstliche Intelligenz oftmals gerade dort eingesetzt, wo menschliches Denken und Entscheiden ergänzt, verbessert oder ersetzt werden soll. Dabei ist der Begriff der Künstlichen Intelligenz mindestens ebenso facettenreich wie der Begriff der menschlichen Intelligenz. Auch diese ist in der Psychologie nicht einheitlich definiert und umfasst unterschiedlichste kognitive Leistungen (Denken, Problemlösen, Sprechen, Rechnen), die in verschiedenen psychologischen Ansätzen jeweils unterschiedlich definiert und operationalisiert werden.⁴

Die EntwicklerInnen früherer Formen der Künstlichen Intelligenz, an denen etwa ab den 1960er Jahren gearbeitet wurde, waren sich zwar darüber im Klaren, dass mit den benutzten Technologien niemals eine Eins-zu-eins-Nachbildung

---

2 Nicole Krämer, André Artelt, Christian Ludwig Geminn et al., *KI-basierte Sprachassistenten im Alltag: Forschungsbedarf aus informatischer, psychologischer, ethischer und rechtlicher Sicht*. Universität Duisburg-Essen 2019, https://doi.org/10.17185/duepublico/70571.
3 Harald Lesch, Thomas Schwartz, *Unberechenbar. Das Leben ist mehr als eine Gleichung*, Freiburg 2020.
4 Jens Asendorpf, *Psychologie der Persönlichkeit*, Heidelberg 2004.

menschlicher Intelligenz gelingen könne. Gleichwohl orientierten sich grundlegende Versuche wie die der neuronalen Netze (Netze aus künstlichen Neuronen als Unterform der Künstlichen Intelligenz) am Funktionieren menschlicher Intelligenz und versuchten diese über verschiedene Methoden wie die der lernenden Systeme oder über formalisierte kognitive Modelle zu simulieren.[5] Letztere enthielten beispielsweise eine Quantifizierung und Spezifizierung von Mechanismen und Prozessen menschlicher Intelligenz. Anhand dieser Beschreibung sollten die Modelle dann in Computerprogrammen nachgebildet werden.

Mit der massenhaften Verfügbarkeit unterschiedlichster Daten – bereitgestellt etwa durch die sozialen Medien – sowie gesteigerter Rechenkapazitäten wurde jedoch eine andere, datenbasierte Form der Künstlichen Intelligenz ermöglicht. Das sogenannte maschinelle Lernen beruht dabei nicht auf einer Implementierung von angenommenen Mechanismen und Modellvorstellungen, die sich an menschlichen kognitiven Prozessen orientieren.[6] Implementiert werden lediglich Rahmenbedingungen; das maschinelle Lernen erfolgt selbstständig. Was und wie die Maschine jedoch tatsächlich lernt, bleibt von außen, und in vielen Fällen sogar für diejenigen, die sie programmiert haben, zunächst unklar.

Ein typisches Beispiel aus dem Bereich des visuellen Lernens kann man sich wie folgt vorstellen: Es soll ein Algorithmus entwickelt werden, der in der Lage ist, auf Bildern Flaschen und Gläser zu unterscheiden und entsprechend korrekt zu etikettieren. Dazu wird der Maschine ein von Menschen „annotierter" Datensatz als Ausgangspunkt zum Lernen vorgegeben. Bilder von Gläsern und Bilder von Flaschen sind darin jeweils als solche gekennzeichnet, der Algorithmus nimmt seinen Anfang also bei menschlichem Input; er lernt auf Basis menschlicher Kategorisierungen. Diese beinhalten etwa, dass Formen, die sich nach oben verjüngen, eher Flaschen sind, während Formen, die nach oben breiter werden, eher Gläser sind. Da es dabei aber immer wieder Grenzfälle gibt, muss häufig nachgelernt werden, indem die maschinelle Einordnung korrigiert und das Lernergebnis optimiert wird. Ob die Maschine ihre (richtigen) Zuordnungen dabei auf der Basis ähnlicher Merkmale vornimmt wie der Mensch oder auf andere Weise, bleibt offen. Es kann jedoch ausgeschlossen werden, dass ihr die richtige Etikettierung von Flaschen und Gläsern gelingt, weil sie die sprachliche Bedeutung von „Formen, die sich nach oben verjüngen" oder „Formen, die nach oben breiter werden" verstünde, denn über ein solches Verständnis verfügt sie nicht. Was die Maschine gelernt hat, wenn sie gelernt hat, Flaschen und Gläser richtig zu sor-

---

[5] Marvin Minsky, Seymour A. Papert, *Perceptrons. An Introduction to Computational Geometry*, Boston 1969; Margaret A. Boden, *Mind as Machine. A History of Cognitive Science*, Oxford 2006.
[6] Donald Michie, David J. Spiegelhalter, *Machine Learning, Neural and Statistical Classification. Ellis Horwood Series in Artificial Intelligence*, New York 1994.

Abb. 1: Hund oder Muffin?

tieren, bleibt also unklar, und auch die Maschine könnte es uns nicht erklären. Sie verfügt nicht über das semantische Vokabular, um uns mitzuteilen, welche *Bedeutung* die genannten und von uns herangezogenen Kriterien haben.

Darüber hinaus macht ein Algorithmus auch bei solchen vermeintlich einfachen Aufgaben typischerweise sehr viel mehr Fehler als ein Mensch – ein Anzeichen dafür, dass artifizielle Systeme häufig gar nicht so intelligent sind, wie in der Öffentlichkeit angenommen wird. Das zeigt sich besonders eindrucksvoll an online kursierenden Herausforderungen für künstliches Lernen, die zeigen, wie schwierig Aufgaben für Algorithmen sein können, die Menschen mit Leichtigkeit lösen – etwa die Unterscheidung zwischen einem Hundekopf und einem Muffin (s. Abb. 1).

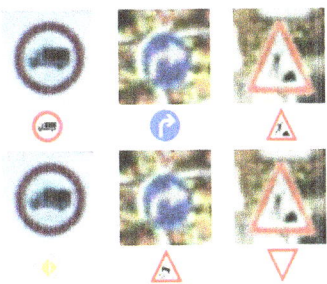

Abb. 2: Identische Verkehrsschilder?

Diese Schwäche von Algorithmen machen sich zahlreiche *Bot-Tests* zunutze. Sie wollen verhindern, dass *Bots*, also maschinelle anstelle menschlicher NutzerInnen, sich auf einer Website einloggen – etwa im Bereich Online-Banking. Als Eingangsvoraussetzung für die Webseite zeigen sie eine willkürliche Auswahl von Fotos, aus denen die NutzerInnen auswählen müssen, welche ein bestimmtes Objekt zeigen, zum Beispiel eine Ampel oder ein Fahrrad. Bislang scheitern Bots an dieser Aufgabe, sodass nur die gewünschten menschlichen NutzerInnen sich den Zugang zur Website verschaffen können.

Dass die von Maschinen erlernten Fähigkeiten sich deutlich von dem unterscheiden, was in menschlichen Köpfen bei der Objekterkennung vor sich geht, verdeutlichen die sogenannten *Adversarial Examples*.[7] Dabei geht es um das Phänomen, dass schon die Veränderung einzelner Bildpixel eine falsche Einordnung von Bildern zur Folge haben kann, obwohl sie auf die menschliche, semantisch gesteuerte Wahrnehmung und Objekterkennung keinen Einfluss hat. Für die menschliche Wahrnehmung bleibt ein abgebildeter Elefant, wenn nur ein Pixel verändert wird, ein Elefant; für einen Algorithmus dagegen mag die Veränderung den Elefanten zu einem ganz anderen oder gar nicht erkennbaren Objekt werden lassen. Untersuchungen zum Erkennen von Straßenschildern geben Hinweise darauf, dass minimale Änderungen, die Menschen nicht sehen, für die Maschine zu einer vollkommen anderen – und objektiv falschen – Zuordnung führen können (s. Abb. 2).

---

[7] Leilani Gilpin, David Bau, Ben Z. Yuan et al., „Explaining Explanations: An Overview of Interpretability of Machine Learning", 2018 IEE 5th International Conference on Data Science and Advanced Analytics (DSAA), https://doi.org/10.1109/DSAA.2018.00018.

III Möglichkeiten und Grenzen, sich maschinelles „Denken" zu erschließen

Menschliches und maschinelles Denken unterscheiden sich also. Nun müsste man fragen, inwieweit sich menschliche NutzerInnen der Unterschiedlichkeit bewusst sind und inwiefern es wichtig ist, dass NutzerInnen ein adäquates Verständnis vom algorithmischen Vorgehen erlangen. Zu letzterer Frage lässt sich anführen, dass ein gewisses Verständnis eine Voraussetzung für Akzeptanz und Nutzungsintention sein könnte. Zusätzlich werden Algorithmen in Entscheidungsassistenzsystemen eingesetzt, in denen menschliche Entscheidungen durch Vorschläge der Maschine vorbereitet werden – z. B. Vorauswahl geeigneter KandidatInnen im Rahmen einer Stellenbesetzung oder Vorschlag einer Diagnose auf Basis der Analyse radiologischer Daten – oder Entscheidungen sogar direkt durch den Algorithmus selbst getroffen werden. Um sich auf das System und seine Vorschläge verlassen zu können, sollte man im besten Fall eine Vorstellung davon haben, wie das System Daten verarbeitet und auf welcher Grundlage es zu Entscheidungen kommt.

Interagiert man mit anderen Menschen, sorgen zahlreiche angeborene Mechanismen, die in den unterschiedlichen psychologischen Teildisziplinen zum Beispiel als *common ground*,[8] *Mentalising*[9] oder *perspective taking*[10] bezeichnet werden, dafür, dass zumindest ein basales Verständnis des anderen möglich wird. Über diese trotz der unterschiedlichen Benennungen letztlich ähnlich funktionierenden Mechanismen sind Menschen in vielen Situationen in der Lage, abzuleiten, was andere denken, wie sie sich fühlen und wie sie sich verhalten werden. Die genannten Konstrukte beschreiben, dass Menschen in der Lage sind, sich auf Basis der bei allen Menschen gleichartigen Denkweisen und Gehirnstrukturen in andere hineinzuversetzen und nachzuvollziehen, was andere wissen und wie sie zu Schlussfolgerungen kommen.

Insbesondere das Konstrukt der *Theory of Mind* beschreibt, dass Menschen ein intuitives Verständnis davon haben, was andere wahrnehmen, wissen, glau-

---

[8] Herbert H. Clark, *Using Language*, Cambridge 1996.
[9] Chris D. Frith, Uta Frith, „How we predict what other people are going to do", *Brain Research*, 1079/1, 2006, S. 36–46.
[10] Susan R. Fussell, Robert M. Krauss, „Coordination of knowledge in communication: Effects of speakers' assumptions about others' knowledge", *Journal of Personality and Social Psychology*, 62/3, 1992, S. 378–391.

ben und erleben.[11] Dies wird einerseits dadurch möglich, dass wir durch Erfahrung und Sozialisation Theorien und Annahmen über die Empfindungen anderer Personen gebildet haben („Ich habe gelernt, dass Menschen traurig sind, wenn eine geliebte Großmutter stirbt"). Andererseits sind Menschen in der Lage, das Erleben anderer Menschen zu simulieren, sich also unmittelbar vorzustellen, wie es anderen Menschen geht („Wenn *meine* Großmutter sterben würde, würde *ich mich* ganz traurig fühlen"). Dadurch können wir uns Verhaltensweisen oder Entscheidungen anderer Menschen als sinnvoll erschließen: Eine Person, die mehrfach nacheinander in jeden Raum des Hauses läuft und dort in verschiedene Ecken geht, wird etwa nicht für verrückt gehalten, sondern als jemand erkannt, der etwas sucht. Diese Art des Verständnisses baut aber entscheidend darauf auf, dass die Funktionsweise des anderen als der eigenen ähnlich angenommen wird. Dies ist jedoch bei einem nicht-menschlichen Entscheidungssystem nicht gegeben. Man kann nicht erschließen, wie sich ein sprechender Roboter „fühlt", und es fällt schwerer, Verhaltensmuster auf potentielle Ursachen zurückzuführen („Warum antwortet er jetzt nicht?", „Warum hat er das Wort dreimal wiederholt?").

In der Interaktion mit einem technischen System hat man nun im Grunde zwei Möglichkeiten. Entweder man überträgt die verfügbaren Grundannahmen zum menschlichen Denken auf die Maschine – was notwendigerweise zu Fehlschlüssen führt. Oder man informiert sich, wie ein Algorithmus tatsächlich arbeitet und insofern auch von menschlichen Verarbeitungsmechanismen abweicht. Allerdings scheinen viele Menschen nur eine vage Vorstellung davon zu haben, wie intelligente Algorithmen arbeiten. Erste Studien zeigen, dass manche Menschen ein nur rudimentäres Verständnis entwickelt haben und lediglich wissen, dass ein System auf Basis von gesammelten Daten funktioniert.[12] Andere Studien weisen darauf hin, dass vielfältige Vorstellungen vorherrschen, die jedoch vor allem aus Medienberichterstattungen abgeleitet werden.[13] Dass Informationen aus den Medien allerdings zu gravierenden Missverständnissen bezüglich künstlicher Systeme und Algorithmen führen können, zeigt eine Studie

---

11 David Premack, Ann James Premack, „Origins of human social competence", in: Michael S. Gazzaniga (Hg.), *The cognitive neurosciences*, Cambridge 1995, S. 205–218.
12 Thao Ngo, Johannes Kunkel, Jürgen Ziegler, „Exploring Mental Models of Recommender Systems: A Qualitative Study", in: *UMAP '20: Proceedings of the 28th Conference on User Modeling, Adaptation and Personalization*, S. 183–191.
13 Michael A. DeVito, Jeremy Birnholtz, Jeffery Hancock et al., „How People Form Folk Theories of Social Media Feeds and What It Means for How We Study Self", *Proceedings of the ACM Conference on Human Factors in Computing Systems (CHI 2018)*, S. 1–12.

von Horstmann und Krämer.[14] Insbesondere fiktionale Medieninhalte führen laut dieser Studie zu hohen Erwartungen in Bezug auf die Fähigkeiten sozialer Roboter. Eine quantitative Befragung ergab, dass die Darstellung von Robotern in Filmen zu dem (Irr-)Glauben führt, dass auch im echten Leben erste Roboter bereits über hohe Fähigkeiten verfügen. Doch auch nicht-fiktionale Medienbeiträge können falsche Eindrücke vermitteln, wie anekdotische Beispiele zeigen. So wird etwa der menschenähnlich aussehende Roboter Sofia (Hanson Robotics) regelmäßig in Talkshows in Interaktion mit einem Gesprächspartner gezeigt, ohne dass darüber aufgeklärt würde, dass die Dialoge vorab festgelegt und geskriptet werden. Die Gespräche mit Sofia laufen also keinesfalls so autonom ab, wie die Darstellung suggeriert.

Auch soziale Hinweisreize sind ein mächtiger Einflussfaktor, der zu falschen Einschätzungen der Intelligenz einer KI führen kann. Zu ihnen zählen etwa ein menschenähnliches Aussehen, ähnliche Sprache, Interaktionsfähigkeit, Übernahme von Rollen, die auch im zwischenmenschlichen Kontakt bekannt sind, und weitere Verhaltenselemente. Wenn eine KI menschenähnlich verkörpert ist oder menschenähnliche Sprache nutzt (kommunizierende Roboter, virtuelle Assistenten, Sprachassistenten wie z. B. Alexa oder Siri), verhalten Menschen sich in der Interaktion ähnlich wie einem Menschen gegenüber. Dies wurde im Rahmen der so genannten Media-Equation-Annahmen („*media equals real life*") umfangreich von Reeves und Nass (1996) beschrieben und untersucht[15] – zunächst vor allem auf Basis von Experimentalstudien mit sprechenden Computern. Zahlreiche Studien haben inzwischen gezeigt, dass Menschen bei der Verfügbarkeit von sozialen Hinweisreizen unbewusst und automatisch soziale Skripte ablaufen lassen (z. B. höfliches Verhalten, Selbstpräsentation), die sonst nur in der Interaktion mit Menschen angewandt werden.[16] Das ist selbst dann der Fall, wenn zugleich auf bewusster Ebene verneint wird, dass der künstliche Interaktionspartner sozialer Behandlung bedarf.

Diese unbewussten Mechanismen der Interaktion mit dem menschenähnlich wahrgenommenen Interaktionspartner können also auch dazu führen, dass

---

14 Aike C. Horstmann, Nicole C. Krämer, „Great Expectations? Relation of Previous Experiences With Social Robots in Real Life or in the Media and Expectancies Based on Qualitative and Quantitative Assessment", *Frontiers in Psychology*, 10, 2019, S. 939, https://doi.org/10.3389/fpsyg.2019.00939.

15 Byron Reeves, Clifford Ivar Nass, *The Media Equation: How People Treat Computers, Television, and New Media Like Real People and Places*, Cambridge 1996.

16 Clifford Ivar Nass, Youngme Moon, „Machines and mindlessness: Social responses to computers", *Journal of Social Issues*, 56/1, 2000, S. 81–103; Nicole C. Krämer, *Soziale Wirkungen von virtuellen Helfern*, Stuttgart 2008.

dessen Intelligenz überschätzt bzw. fälschlich als menschenähnlich empfunden wird. Eine Möglichkeit, dem zu begegnen, sind Bemühungen der sogenannten *explainable AI community*.[17] Sie will die *black box* öffnen, also das Rätsel um die Vorgänge innerhalb der AI lösen. Dazu übersetzt sie das, was die lernenden Algorithmen an Zusammenhängen und Entscheidungsmustern produziert haben, in eine für Menschen verständliche Sprache. *Explainable AI* richtet sich dabei einerseits an die EntwicklerInnen selbst, die häufig ebenfalls nicht mehr nachvollziehen können, wie die Systeme lernen. Andererseits spricht *explainable AI* die EndnutzerInnen der Technologien an, damit auch sie im Rahmen der Nutzung verstehen können, auf Basis welcher Eingaben sowie auf welche Weise das System zu seinen Ausgaben und Empfehlungen kommt. Genutzt wird dabei – für beide Adressatengruppen – beispielsweise die kontrafaktische Methode. Dabei werden systematisch die jeweiligen Input-Daten (Sprache, Text oder Bilder) variiert, und im Anschluss wird beobachtet, wie sich dadurch das Ausgaberesultat verändert. So lässt sich – auch für Laien – nachvollziehen, wie das System arbeitet, zum Beispiel bei der automatischen Berechnung von Versicherungstarifen: „Da Sie männlich sind, zahlen Sie Beitrag X; wären Sie weiblich, würden Sie 20 Euro weniger zahlen".

IV Konsequenzen der Andersartigkeit von menschlicher und maschineller Intelligenz

Es bestehen also große Unterschiede zwischen menschlicher Intelligenz und Künstlicher Intelligenz, die auf maschinellem Lernen beruht. Menschliche NutzerInnen unterschätzen diese Unterschiede in dreierlei Hinsicht. Erstens neigen sie auf Basis medialer Darstellungen zu der Schlussfolgerung, dass bei künstlichen Systemen sowohl mehr Intelligenz als auch eine menschenähnlichere Intelligenz gegeben sei, als dies tatsächlich bisher der Fall ist. Zweitens können Menschen sich evolutionspsychologisch bedingt nur menschenähnliche Intelligenz vorstellen. Und drittens schreiben sie auf Basis von sozialen Hinweisreizen einem intelligenten System im direkten Umgang stärkere Menschenähnlichkeit zu, als angebracht erscheint.

---

17 Paul Voosen, „How AI detectives are cracking open the black box of deep learning. As neural nets push into science, researchers probe back", *Science*, 06.07.2017, https://www.science.org/content/article/how-ai-detectives-are-cracking-open-black-box-deep-learning, aufgerufen am 07.12.2021.

Welche Konsequenzen hat nun die Andersartigkeit der maschinellen Intelligenz zusammen mit den beschränkten Möglichkeiten des Menschen, diese Andersartigkeit zu durchschauen? Zunächst einmal führt die Annahme von Menschenähnlichkeit zu erhöhten Erwartungen an die Fähigkeiten algorithmischer Systeme. Das kann die Angst vor den Systemen steigern, aber auch – nach einem Realitätsabgleich – zu Enttäuschungen führen.[18]

Im Vergleich wichtiger erscheint jedoch, dass die Künstliche Intelligenz den meisten NutzerInnen tatsächlich so unverständlich bleibt, wie es die Intelligenz Außerirdischer wäre (mit dem Unterschied, dass wir die außerirdische Intelligenz wahrscheinlich auch bereitwillig als andersartig empfinden würden). Dieses Unverständnis kann in dem Maße gefährlich werden, als dass Menschen nicht nachvollziehen können, auf welcher Basis Entscheidungen, die sie betreffen, vom System getroffen oder vorgeschlagen werden. Gleichfalls registrieren sie nicht, wie stark ihre eigenen Daten vom System erhoben, gespeichert und verarbeitet werden.

Hinsichtlich des erstgenannten Punktes müssen Entscheidungsvorschläge von Systemen nachvollziehbar werden, damit die NutzerInnen beurteilen können, ob sie sich auf den Vorschlag verlassen können oder nicht. Dies wird insbesondere bereits in der Medizin problematisiert, wo mehr und mehr maschinelles Lernen genutzt wird, um zum Beispiel radiologische Diagnosen vorzubereiten.[19] Hier ist es dringend erforderlich, dass die DiagnostikerInnen besser verstehen, auf welcher Grundlage das System vorgeht – entweder durch Verbesserung ihrer *digital literacy* beziehungsweise *AI literacy* oder dadurch, dass ein System auf Basis von *explainable AI* seine Vorgehensweise selbst erklärt.

Ein umfangreicheres Verstehen, auf welcher (Daten-)Basis Systeme der Künstlichen Intelligenz funktionieren, wäre ebenfalls hilfreich, um hinsichtlich des zweiten oben angesprochenen Punktes für mehr Aufklärung zu sorgen: Erst wenn die NutzerInnen verstehen, dass viele Systeme, die Algorithmen einsetzen, um intelligente Entscheidungen zu treffen, ihre Daten speichern und auswerten, können sie sich gegebenenfalls davor schützen.

Somit bietet die künftige Unterstützung durch Künstliche Intelligenz einerseits zahlreiche Vorteile: KI-Systeme können durch die Geschwindigkeit, mit der sie große Datenmengen analysieren, Entscheidungen schneller vorbereiten und zuverlässigere Vorschläge abgeben. Allerdings muss den menschlichen NutzerInnen deutlich werden, ob sie sich auch darauf verlassen können, dass die Annahme eines Vorschlags der KI tatsächlich zu einer besseren Entscheidung führt.

---

[18] Vgl. Horstmann, Krämer 2019, a. a. O.
[19] Vgl. Nensa et al. 2019, a. a. O.

Dies kann einerseits gelingen, indem NutzerInnen die Grundlagen des Systems besser verstehen lernen. Denn sie können diese nicht einfach erschließen, etwa durch Vergleiche mit hochintelligenten Menschen. Alternativ muss daran gearbeitet werden, auch auf anderen Wegen Vertrauen herzustellen, etwa durch offizielle Prüfung und Zertifizierung von Systemen. Dies ist in anderen Bereichen des Lebens bereits vergleichbar der Fall, wo NutzerInnen ebenfalls kein umfassendes Verständnis, aber oft dennoch großes Vertrauen haben, beispielsweise bei Impfungen. Obwohl die meisten BürgerInnen wohl nicht im Detail wissen, wie ein mRNA-Impfstoff funktioniert, vertrauen sie dem Prüfprozess.

Die aufgeführten Beispiele, etwa die medizinischen Anwendungen, machen deutlich, dass intelligente Algorithmen und Künstliche Intelligenz nicht nur unseren Alltag erleichtern und Arbeitsaufgaben zuverlässiger machen können, sondern auch in dem Maße eine höhere Akzeptanz erzielen werden, wie die Vorgehensweise nachvollziehbar wird. So erleben wir es ja auch im zwischenmenschlichen Austausch, wo wir auf Basis unserer Fähigkeiten (siehe die oben beschriebene „*Theory of Mind*") gut ausgestattet sind, um Verhaltensweisen anderer Personen nachzuvollziehen.

Abbildungsnachweise

Abb. 1 Hund oder Muffin?
Quelle: Karen Zack, @teenybiscuit, 10.03.2016, *chihuahua or muffin?*, Twitter, https://twitter.com/teenybiscuit/status/707727863571582978?s=20, aufgerufen am 29.12.2021.

Abb. 2 Identische Verkehrsschilder?
Quelle: Nicolas Papernot, „Security and Privacy in Machine Learning", https://www.microsoft.com/en-us/research/uploads/prod/2018/03/Nicolas-Papernot-Security-and-Privacy-in-Machine-Learning.pdf, aufgerufen am 29.12.2021.

Gert G. Wagner
Metriken der Ungleichheit sind uralt

Die Feststellung von Ungleichheit bedarf keiner Künstlichen Intelligenz (KI). Wir alle werden seit jeher von unseren Mitmenschen anhand von leicht erkennbaren Merkmalen, etwa dem Geschlecht, „einsortiert" und zu Ungleichen gemacht. In den frühen staatlichen Kulturen wurde die Feststellung von Ungleichheit schon vor Jahrtausenden formalisiert, etwa für die Rekrutierung von Soldaten und für die Besteuerung. Man kann aus diesen Erfahrungen lernen, wie unser Umgang mit KI-induzierter Klassifizierung und Ungleichheit aussehen sollte. Klassifizierungen wurden seit jeher nur akzeptiert, wenn sie transparent erfolgten. In neuerer Zeit gehört zur Akzeptanz auch die Möglichkeit, gegen eine Klassifizierung zu klagen. Die „Einsortierung" von Menschen durch KI muss deshalb transparent sein. Ist die Transparenz gegeben, eröffnen sich nahezu automatisch auch Klagemöglichkeiten, die nötigenfalls per Gesetz erzwungen werden müssen.

I Die lange Geschichte der Arithmetisierung

Die Klassifizierung von Ungleichheiten findet je nach Lebensbereich oder wissenschaftlicher Disziplin in unterschiedlichen Begrifflichkeiten statt. Grundlegend ist eine *Metrik*, mit deren Hilfe Ungleichheit abgebildet wird. Dies kann in Form eines *Rankings* anhand bestimmter Kriterien und Kategorien, wie etwa dem Geschlecht, geschehen oder wie beim Alter in Form einer Arithmetisierung. Christoph Markschies verbindet (in diesem Band, S. 11–27) mit Arithmetisierung die Vorstellung, „dass Leben und Lebendigkeit zählbar und daher messbar sind." „Wir erleben den Menschen", so Markschies, „im Zeitalter seiner Zählbarkeit". Arithmetisierung steigere „die präzise Wahrnehmung von Ungleichheit" und lasse diese zu einer „allzeit als Zahl beschreibbare[n] und daher messbare[n] Größe" werden (S. 22–23). Markschies grenzt also die durch Zahlenwerte reprä-

---

Dieses Kapitel nimmt Überlegungen aus einem früheren Aufsatz von mir auf: „Scoring ist nicht neu, sondern uralt: Aus seiner Geschichte kann man lernen, wie man heutzutage damit umgehen kann und soll", in Harald Gapski, Stephan Packard (Hg.), „Super-Scoring? Datengetriebene Sozialtechnologien als neue Bildungsherausforderung", Düsseldorf 2021, S. 91–101. Viele Anregungen beruhen auf meiner Mitarbeit an einem Gutachten: SVRV, „Verbrauchergerechtes Scoring", Gutachten des Sachverständigenrats für Verbraucherfragen, Berlin 2018. Mein Dank für instruktiven Austausch gilt Johanes Gerberding, Gerd Gigerenzer, Christian Gross, Philipp Hacker, Ariane Keitel, Felix G. Rebitschek, Christin Schäfer und Sarah Sommer.

OpenAccess. © 2022 Gert G. Wagner, publiziert von De Gruyter. (cc) BY-NC-ND Dieses Werk ist lizenziert unter einer Creative Commons Namensnennung – Nicht kommerziell – Keine Bearbeitung 4.0 International Lizenz. https://doi.org/10.1515/9783110769975-006

sentierte Ungleichheit ausdrücklich ab von einer „vorwissenschaftliche[n] Wahrnehmung von Fremdheit (beispielsweise eines Ausländers oder eines anderen Geschlechts)" (S. 23).

Eine auf Zahlen basierende (arithmetische) Metrik wird auch als Score bezeichnet. Der vielzitierte SCHUFA-Score beispielsweise ordnet Personen einen durch Algorithmen berechneten individuellen Zahlenwert zu, der Auskunft über Kreditwürdigkeit geben soll.[1] Scores werden oft auf Basis digitaler Daten berechnet. Im Falle des SCHUFA-Scores sind es gespeicherte Finanztransaktionen einer Person, die auf einer Skala von 0 bis 100 zu einem Wert verdichtet werden, der die Kreditwürdigkeit dieser Person angibt. Moderne Scores, die auf der elektronischen Verarbeitung von Daten beruhen, lassen nicht mehr erkennen, dass die Aufstellung von Scores anhand bestimmter Merkmale sowie die Arithmetisierung von Mitmenschen uralte Unterfangen sind.

Die historisch wahrscheinlich wirkmächtigste Arithmetisierung wird von vielen LeserInnen nicht als Metrik wahrgenommen: das *Geschlecht*. Es ist aber, wie moderne statistische Analysen zeigen, ohne weiteres quantifizierbar. Männern wird in der Regel für die Variable „Geschlecht" der Wert null zugewiesen, Frauen der Wert eins. Was für Laien wie eine Bevorzugung von Frauen aussehen mag, ist in Wahrheit eine Diskriminierung durch StatistikerInnen: Männer bilden nämlich die „Referenzgruppe" und die Nicht-Zugehörigkeit zu dieser Gruppe wird mit einem Score von 1 für Frauen kodiert.

Das *Geschlecht* ist aber nicht deswegen ein wichtiges Beispiel für Klassifikation durch Scoring, weil es quantifizierbar ist. Es ist von besonderem Interesse, weil die Zahlenwerte Null und Eins nicht nur anzeigen, wer Kinder gebären kann und wer nicht – was ja aussagekräftig und vernünftig sein kann, solange nicht biologisches und soziales Geschlecht verwechselt werden – sondern weil sie großen Einfluss darauf haben, wie eine Vielzahl von Lebenschancen völlig unabhängig von individuellen Fähigkeiten und Interessen verteilt werden. Die Metrik „Geschlecht" wurde über Jahrtausende hinweg über die schlichte Anzeige von Gebärfähigkeit hinaus unzulässig auf viele Lebensbereiche übertragen: von der Papstwahl bis zum bürgerlichen Wahlrecht. Nur mühsam konnten und können die daraus resultierenden Diskriminierungstatbestände abgebaut werden.

Das Geschlecht ist überdies für den Umgang mit Arithmetisierung von besonderem Interesse, weil man seit einigen Jahren in etlichen Ländern sein amtlich festgestelltes Geschlecht ändern lassen kann. Man muss als ErwachseneR nicht mehr zwischen weiblich und männlich entscheiden, sondern kann als Geschlecht auch eine dritte Kategorie eintragen lassen. Das impliziert: der Klageweg steht

---

[1] Vgl. das Gutachten des Sachverständigenrats für Verbraucherfragen, SVRV 2018, S. 14 f.

offen. Und dieser Weg wird sich in den folgenden Abschnitten als ein wichtiges Merkmal des Umgangs mit ungleichmachender Arithmetisierung in demokratischen Rechtsstaaten erweisen.

In Agrargesellschaften gab es eine weitere an der Demographie festgemachte Metrik, die meist auch mit dem männlichen Geschlecht verkoppelt wurde: die *Geschwisterposition*. Meist wurde Landbesitz an den erstgeborenen Sohn vererbt; Erbteilung war weniger verbreitet, und nur selten ging das Land an das jüngste Kind. Die Geschwisterposition, der man nicht entkommen kann, ist hier offensichtlich diskriminierend. Dass es für manch einen Bauernsohn oder manch eine Bauerntochter ein Glück war, den Hof nicht übernehmen zu müssen, zeigt im Übrigen die Ambivalenz pauschalisierender Klassifikationen.

Das *Lebensalter* ist eine Metrik der Ungleichheit und wird als solche genutzt, seitdem durch Geburtsurkunden das Alter einer Person nachprüfbar festgestellt werden kann. Kirchliche Initialisierungsrituale hängen ebenso vom Lebensalter ab wie die strafrechtliche Schuldfähigkeit. Seit es die Schulpflicht gibt, hängt auch der Beginn des Schulbesuchs vom Geburtsdatum ab. Heutzutage gibt es Möglichkeiten, aufgrund individueller Umstände von der Regel abzuweichen und den Schulbesuch früher oder später anzutreten, aber grundsätzlich gilt die Metrik des Alters und das damit verbundene Scoring. Mit dem Erreichen der „Regel-Altersgrenze" können Arbeitsverträge automatisch auslaufen, da eine Altersrente als „Lohnersatz" bezogen werden kann.

Der Score „Lebensalter" ist transparent und heutzutage schwer manipulierbar. Ungleichbehandlung aufgrund von Altersunterschieden wird in vielen Bereichen als vernünftig angesehen. Gleichwohl kann es unerwünschte Effekte haben und darüber hinaus diskriminierend wirken. So ist in den USA seit Jahrzehnten die automatische Auflösung von Arbeitsverträgen zu einem bestimmten Lebensalter als Altersdiskriminierung verboten. Und das Alter, das man ja nicht verändern kann und gegen dessen Feststellung in der Regel nicht geklagt werden kann, führt in vielfacher Weise zu Benachteiligungen. So hängen zum Beispiel Sportkarrieren in Mannschaftssportarten auch davon ab, ob man zu den Jüngeren *innerhalb* eines Jahrgangs gehört (und dadurch leistungsschwächer ist) oder zu den Älteren, die dann von einer „Gnade der frühen Geburt" profitieren.

Eine weitere offenkundige Arithmetisierung ist die *Körpergröße*. Sie bestimmte zum Beispiel darüber, wer im preußischen Militär zur Elitegruppe der „Langen Kerls" gehören durfte. Eine Mindestgröße war erforderlich – während für AstronautInnen aufgrund der Enge der bislang üblichen Raumfahrzeuge eine Maximalgröße vorgegeben ist.

Eine berüchtigte Metrik sind *Schulnoten*. Sie entscheiden über Versetzungen, die Schulwahl und schließlich das Studium sowie – nach Gusto von Personalverantwortlichen – auch über berufliche Karrieren. Schulnoten werden im Allgemeinen akzeptiert, insoweit sie einen transparenten und nicht manipulierbaren Score darstellen – auch wenn nicht jede einzelne Schulnote transparent zustande kommt. Man kann auch gegen das Zustandekommen und die Verwendung von Schulnoten klagen. Dies mag in der Realität sehr schwer und nur selten von Erfolg gekrönt sein, aber es ist möglich. In Analogie zu den Schulnoten werden seit etlichen Jahren in etlichen Staaten potentielle ImmigrantInnen anhand von Punkten bewertet, die ihr *Humankapital* und dessen Nützlichkeit für die Zuwanderungsgesellschaft quantifizieren (sollen). Begonnen hatte dies mit einem 0/1-Scoring bei der Einwanderung in die USA, wobei als krank klassifizierte Menschen (Score 1 statt 0) nicht einwandern durften, was etwa zwei Prozent traf.[2] Dies findet heutzutage seine Fortsetzung in der Klassifizierung von hilfesuchenden geflüchteten Menschen. Asylsuchende werden dabei in Asylberechtigte, Geduldete und Abzuschiebende eingeteilt.

Haben die bisher dargestellten Beispiele für teilweise (ur-)alte arithmetische Ungleichheitsklassifikationen viele LeserInnen wahrscheinlich überrascht, dürften die folgenden Beispiele geläufiger sein. Eine sehr alte, seit Jahrtausenden von Staaten genutzte Metrik ist die *Vermögenshöhe*. In antiken Gesellschaften entschied die Höhe des Vermögens nicht nur über die Höhe der Steuerzahlung (etwa im Römischen Reich), sondern auch über den militärischen Rang: Im Alten Griechenland etwa mussten Waffen und Pferde vom Soldaten selbst gestellt werden, wodurch nur Vermögende Offiziere werden konnten – ob sie dazu geistig in der Lage waren oder nicht. Hingegen spielt in Militärsystemen mit Wehrpflicht ein Gesundheits-Scoring in Form der Musterung eine große Rolle. Ein aktuelles Beispiel für dieses Scoring ist der US-amerikanische Ex-Präsident Donald Trump, der als junger Mann aufgrund einer ärztlich attestierten körperlichen Behinderung nicht eingezogen wurde.

Die Einstufung des Millionärssohns Donald Trump als nicht wehrtauglich ist ein gutes Beispiel für ein weiteres grundsätzliches Problem: Selektive Klassifikationen, die an komplexen mehrdimensionalen Phänomenen wie der Gesundheit ansetzen, sind manipulationsanfällig und schwerer objektivierbar als beispielsweise die leichter messbaren Größen „Alter" und „Geschlecht". Aber natürlich können auch leicht messbare Größen, etwa das Körpergewicht, manipuliert werden, wie das „Abkochen" vor dem offiziellen Wiegen im Sport zeigt, das Sportlern ermöglicht, ihre Einordnung in eine Gewichtsklasse zum eigenen Vorteil zu beeinflussen. Bei Scores, in die mehrere Roh-Indikatoren als Variablen

---

[2] Siehe „Ellis Island", *Newyorkcity.de*, https://www.newyorkcity.de/ellis-island-in-new-york/, aufgerufen am 07.12.2021; „Ellis Island Chronology", *National Park Service*, https://www.nps.gov/elis/learn/historyculture/ellis-island-chronology.htm, aufgerufen am 07.12.2021.

einfließen (beim SCHUFA-Score u. a. die Zahlungsunfähigkeit einer Person in der Vergangenheit und die Zahl ihrer Bankkonten), kommt hinzu, dass die verschiedenen Indikatoren im Verhältnis zueinander gewichtet werden müssen, um zum eigentlichen Score zu kommen, und dass in der Regel keine Gewichtung als alternativlos und objektiv richtig gelten kann.

Die Berechnung von Tarifen für Lebensversicherungen oder private Krankenversicherungen beruht seit jeher auf Klassifizierungen hinsichtlich gruppenspezifischer Lebenserwartungen und Krankheitskosten. Das Vorgehen der Versicherungen in diesen Bereichen macht zweierlei deutlich: (1) Wenn es sich nicht lohnt (etwa bei Versicherungssuchenden ohne nennenswerte Vorerkrankungen), wird auf eine Klassifikation aufgrund differenzierter Gesundheitsprüfungen verzichtet. (2) Es ist möglich, auf eine Klassifizierung, auch wenn sie durchaus aussagekräftig sein mag (etwa geschlechtsspezifische Lebenserwartungen), zu verzichten, wenn sie als unfair und diskriminierend bewertet wird. So hat der deutsche Gesetzgeber nach Geschlecht differenzierte Krankenversicherungstarife verboten und „Unisex-Tarife" erzwungen, ohne dass der Versicherungsmarkt deswegen zusammengebrochen wäre.

Früherkennung von Krankheiten beruht auf einem Scoring von bestimmten biologischen Krankheitsmarkern (etwa anhand von bildgebenden Verfahren und Blutwerten). Dies verdeutlicht, wie wichtig es ist, dass Scores aussagekräftig sind und dass sie nicht zu oft fälschlich Alarm schlagen. Dies ist bei kleinen und sehr kleinen Schadenswahrscheinlichkeiten, wie etwa der Gefahr, an bestimmten Krebsarten zu erkranken, jedoch häufig der Fall. Um Menschen eine rationale Entscheidung darüber zu ermöglichen, ob sie sich „scoren" lassen wollen, ist nicht nur Transparenz entscheidend, sondern auch eine für Laien verständliche Darstellung der Aussagekraft und der Wirkungen des Scorings. Dazu gehört ein Vergleich der möglichen Schäden durch Nebenwirkungen, die bei einem Verzicht auf Scoring (hier: Früherkennung) nicht auftreten würden, mit dem erhofften Nutzen, der ja keineswegs sicher eintritt.

In der Medizin erhofft man sich, dass künftig die vielen Variablen, die den verschiedenen Aspekten des Gesundheitszustandes einer Person – etwa durch bildgebende Verfahren oder Labortests und genetische Analysen – einen Zahlenwert zuordnen, mithilfe einer Vielzahl statistischer Methoden (*data integration tools*), zu einem aussagekräftigeren Bild zusammengefasst werden können als dies durch menschliche Diagnose der Fall ist.[3] Die in Deutschland diskutierte

---

3 Indhupriya Subramanian et al., „Multi-omics Data Integration, Interpretation, and Its Application", *Bioinformatics and Biology Insights*, 14, 2020, S. 1–24.

„Elektronische Patientenakte" bietet eine reichhaltige Datenbasis für medizinisches Scoring mit diagnostischen und therapeutischen Anwendungen.

Neuartig ist das elektronische Scoring des persönlichen Fahrverhaltens durch „Telematik-Optionen" für spezielle Tarife bei der Kfz-Versicherung (*Pay As You Drive*). Eine Klassifizierung von FahrzeughalterInnen nach ihrem Risikoprofil ist jedoch keineswegs neu. Seit jeher werden Kfz-Haftpflicht-Versicherungen danach differenziert, ob es sich um eineN ErstversicherteN handelt bzw. wie die Schadenshäufigkeit einer versicherten Person in der Vergangenheit aussah. Das ist nichts anderes als Scoring – und da es wahrscheinlich das Fahrverhalten tatsächlich positiv beeinflusst und transparent ist, wird es selbst von FahrzeughalterInnen mit hohen Prämien allgemein akzeptiert. Im Kommen sind ebenfalls automatisierte Scoring-Verfahren bei Personalbewertungen in Unternehmen und für die Personalauswahl (*People Analytics*). Die Bewertung von Menschen aufgrund ihrer (vermuteten) Leistungsfähigkeit ist in Schulen und Hochschulen seit dem 19. Jahrhundert üblich. Eine Ausdifferenzierung von Noten mit Hilfe von vielen Indikatoren für Lernwilligkeit, -fähigkeit und -erfolg in Form von personalisierten „Learning Analytics" ist also nichts grundsätzlich Neues, sondern schlicht die Ausnutzung von digital verfügbaren Informationen. In spezialisierten Arbeitsmärkten spielen derartige Scores seit längerem eine Rolle, etwa im professionellen Fußball oder auf dem Arbeitsmarkt für HochschullehrerInnen, die anhand ihrer Publikationsleistung gerankt werden, gemessen etwa anhand des h-Indexes für die Zitationshäufigkeit ihrer Publikationen.

PartnerInnen-Vermittlungsagenturen arbeiten beim *Dating* seit jeher – völlig intransparent – mit Scores, die die wechselseitige „Passfähigkeit" von Menschen beschreiben. Da die Scoring-Methoden der Vermittlungsagenturen jedoch Geschäftsgeheimnis bleiben, sind viele Menschen skeptisch. Dies gilt offenkundig weniger für moderne digitale PartnerInnen-Vermittlungsplattformen, aber auch deren Erfolgsbilanz ist überschaubar. Sie sind aber noch nicht vom Markt verschwunden und dürften deshalb nicht schlechter abschneiden als konventionelles *Dating* – mit oder ohne Einschaltung einer analogen Agentur. Die Intransparenz der Algorithmen und des Scorings moderner digitaler PartnerInnen-Vermittlungsplattformen wird – ebenso wie bei traditionellen HeiratsvermittlerInnen – gesellschaftlich als wenig problematisch wahrgenommen, denn niemand wird in modernen westlichen Kulturen gezwungen, PartnerInnen über derartige Plattformen oder traditionelle HeiratsvermittlerInnen zu finden.

II Bewertungen

Gleichheit und Ungleichheit sind keine naturwissenschaftlichen Gegebenheiten, sondern in der Regel unter pragmatischen Gesichtspunkten entstandene soziale Konstruktionen. Markschies weist in seinem Beitrag zu diesem Band zurecht darauf hin, dass auch unsere persönliche Identität ein Konstrukt ist; er schreibt:

> Ich stelle an mir selbst jeden Morgen Gleichheit fest, obwohl ich von meinem Ich am voraufgehenden Abend durch erhebliche Ungleichheit unterschieden bin. Ich weiß, obwohl ich anders bin als gestern, dass ich dieselbe Person bin. Aristoteles verbindet diese Erfahrung der Selbigkeit mit der Seele und macht die Seele für das basale Bewusstsein der Selbigkeit verantwortlich. (S. 25)

Es sei angefügt: Da wir mit Mikroben zusammenleben, die in unserem Körper angesiedelt sind und sich mit ihm austauschen, sehen wir nicht nur anders aus, sondern unser Körper hat sich tatsächlich über Nacht verändert.

Wenn wir als Gesellschaft empirischer Ungleichheit dennoch Gleichheit herstellen wollen, müssen wir dafür *geeignete* Regeln finden, etablieren und auch mit rechtsstaatlichen Klagemöglichkeiten versehen. Keineswegs sind in allen Bereichen perfekte und flächendeckende Regulierungen etwa in Form von Verboten notwendig. Zum Teil werden klassifizierbare Ungleichheiten gar nicht zur Geltung gebracht, weil es sich nicht „rechnet", wie Kaufleute gerne sagen, sie in diskriminierender Weise zu nutzen. Dies zeigt der Verzicht auf aufwendige Gesundheitsprüfungen durch Versicherungen bei Menschen, die nicht erkennbar bereits erkrankt sind.

Die gesellschaftliche Bewertung von Scores und arithmetischen Klassifizierungen hängt neben der statistischen Aussagekraft eines Scores entscheidend von der Transparenz der eingesetzten Verfahren ab – und davon, ob man einem Scoring zu vertretbaren Kosten ausweichen kann.[4] Für die Akzeptanz klassifizierender Systeme ist es darüber hinaus wichtig, dass eine Person einen Einfluss auf die Ausprägung des Merkmals hat, nach dem sie klassifiziert wird. Wenn Scoring eine Verhaltensänderung bewirken soll (etwa vorsichtigeres Autofahren aufgrund gestaffelter Versicherungsprämien), ist die Möglichkeit der Beeinflussung ohnehin notwendig. Kann man zur Verhaltensprognose herangezogene Merkmale nicht beeinflussen (wie das Alter) oder nur mit hohen Kosten und Opfern (wie das Geschlecht), führt ein Scoring leicht zu unerwünschter Diskriminierung. Probleme entstehen auch, wenn eine Klassifikation, die für einen Lebensbereich aussagekräftig ist, beispielsweise die Kreditwürdigkeit, auch über

---

4 Vgl. SVRV 2018, S. 140 ff.

einen ganz anderen Bereich entscheidet, etwa den Schulbesuch von Kindern, wie das im „Sozialen Scoring" in China geschehen soll.

Die Bedeutung der Kriterien Relevanz und Beeinflussbarkeit für die Beurteilung von Scores lässt sich gut anhand von Algorithmen zur Bestimmung der Kreditwürdigkeit illustrieren. *Credit Scores* sind von großer praktischer Relevanz für die allermeisten Menschen und kaum jemand kann ihnen ausweichen. Sie sind aber auch durch das Verhalten des Einzelnen beeinflussbar, vorausgesetzt, dass ihr Zustandekommen transparent ist. Deswegen ist eine gesetzliche Regulierung äußerst sinnvoll. Systeme, die die Personalauswahl und -entwicklung steuern (*People Analytics*), sind aufgrund ihrer gesellschaftlichen Relevanz und ihrer Nicht-Ausweichbarkeit weitere Kandidaten für eine gesetzliche Regulierung. Ein Beispiel für geringe Relevanz sind hingegen – wie bereits angesprochen – Algorithmen, die Agenturen für PartnerInnenvermittlung benutzen: Man kann diesen Algorithmen – zumindest bislang – ohne großen Schaden ausweichen, und positiv beeinflussen kann man seinen Score leicht durch Falschangaben (etwa für Geschlecht und Alter) – selbst dann, wenn die Entstehung des Scores nicht wirklich transparent ist.

Wilfried Hinsch diskutiert in seinem Beitrag zu diesem Band (S. 67–87) einen in der Literatur zur Arithmetisierung und Scoring bislang wenig beachteten Punkt: In einer Welt mit unvollkommenen Informationen (und dies ist unsere Welt) kann man sich nur anhand unvollkommener Indikatoren, die den Zustand der Welt unvollkommen anzeigen, entscheiden. „Statistische Diskriminierung" durch arithmetische Klassifikationen und Score-Berechnungen aufgrund der Zugehörigkeit zu statistischen Referenzgruppen ist in einem gewissen Maße unvermeidlich. Daher gilt es, Fairnesskriterien für die Akzeptabilität selektiver Entscheidungen auf der Grundlage von Scores zu entwickeln und darüber hinaus rechtliche Klagemöglichkeiten zu schaffen, um sich gegen konkrete Klassifizierung und Scoring wehren zu können.[5]

III Algorithmen prüfen und kontrollieren

Es wird oft behauptet, dass die Arithmetisierung und algorithmische Klassifikation von Menschen im Zeitalter von Big Data und Künstlicher Intelligenz etwas ganz Neues sei, weil diese Klassifikation undurchschaubar werde. Scoring-Algo-

---

5 Vgl. zur Anpassung des Rechtssystems an neuartige digitale Klassifizierungs- und Scoring-Systeme: Johannes Gerberding, Gert G. Wagner, „Gesetzliche Qualitätssicherung für ‚Predictive Analytics' durch digitale Algorithmen", *Zeitschrift für Rechtspolitik*, 52/4, 2019, S. 116–119.

rithmen seien quasi-autonome, „selbstlernende" Wesen, die sich ohne menschliches Zutun verbessern und letztlich – so wird suggeriert – in unkontrollierter Weise selbst programmieren. So wurde in der *Neuen Zürcher Zeitung* in einem Beitrag des Literaturwissenschaftlers Manfred Schneider die Hypothese aufgestellt, die Undurchschaubarkeit der KI führe uns in die dunkle Zeit des Mittelalters zurück, da wir nicht mehr kontrollieren könnten, was uns steuert und worauf wir deswegen glaubend vertrauen müssten. Die „als großer Fortschritt gefeierte künstliche Intelligenz" ziehe, so Schneider, ganze Teile unserer Welt „ins Unsichtbare", und die von Algorithmen gesteuerte Hypermoderne werde jenem Mittelalter ähnlich, das man das „dunkle Zeitalter" nannte; die „Kirchenväter der künstlichen Intelligenz" sorgten dafür, dass kein Unglaube aufkomme.[6] Schneider schreibt weiter:

> Microsoft-Präsident Brad Smith predigt: „Eine Ethik der KI muss den Faktor Mensch in den Mittelpunkt stellen. Es muss verhindert werden, dass die KI anonym Entscheidungen über uns trifft, die aus einer ‚Blackbox' kommen und nicht überprüfbar sind." Und weiter heisst es: „Bei Microsoft arbeiten wir daran, der KI beizubringen, uns ihre Ergebnisse zu erklären." Das aber überfordert unseren Glauben. Wie sollen Algorithmen, die riesige Datenmengen nach Vorgabe der Programmierer in intelligenter Fortschreibung verarbeiten, zugleich ihre Ergebnisse erklären? Aufgrund der Komplexität der algorithmischen Systeme ist das einstweilen gar nicht möglich (Schneider a. a. O.).

Freilich: Die ohne jeden Beweis von Manfred Schneider hingeschriebene Behauptung, dass „einstweilen" Algorithmen ihre Ergebnisse nicht erklären könnten, ist falsch und einfach zu widerlegen.

Auch wenn ein Algorithmus auf „künstlicher Intelligenz", also schwer zu verstehenden Computerprogrammen und großen Datenbasen beruht, ist er deswegen noch keineswegs undurchschaubar. Um einen Algorithmus zu testen, muss man weder seinen logischen Bauplan (das Computerprogramm) noch seine Datenbasis kennen. Man muss lediglich genau hinschauen, zu welchen Ergebnissen er im praktischen Gebrauch führt. Dazu muss man wiederum nichts anderes tun, als den Algorithmus mit Beispieldaten zu füttern und festzustellen, welche Ergebnisse er bei dem gegebenen Input auswirft. Liefert der Algorithmus für einzelne Personen nachvollziehbare oder nicht nachvollziehbare Ergebnisse und werden durch diese Ergebnisse womöglich bestimmte Personengruppen in problematischer Weise bevorzugt oder benachteiligt?

---

[6] Manfred Schneider, „KI schafft eine neue Dunkelheit in der hypermodernen Welt – wir kehren zurück in selbstverschuldete Unmündigkeit", *Neue Züricher Zeitung*, 02.08.2021, https://www.nzz.ch/meinung/kuenstliche-intelligenz-neue-dunkelheit-in-der-hypermodernen-welt-ld.1635147, aufgerufen am 07.12.2021.

Ein Clou dieses Vorgehens zum Testen eines Algorithmus ist, dass ein womöglich rechtlich geschütztes Geschäftsgeheimnis nicht verletzt wird. Denn man muss den Programmiercode eines Algorithmus gar nicht kennen oder verstehen, um den Algorithmus auf die beschriebene Weise zu überprüfen. Mit Produkten, die handfester sind als Computer-Algorithmen, verfahren wir so seit Jahrzehnten: Der Limonadenhersteller muss seine Geheimrezeptur nicht verraten, damit die Limonade getestet werden kann. Um festzustellen, ob die Limo schmeckt oder Bauchweh verursacht, trinkt man sie einfach. Und zwar nicht nur unter Laborbedingungen – die, wie bei den Dieselautos geschehen, manipuliert werden können – sondern unter Alltagsbedingungen.

Bislang ist allerdings keinE Algorithmen-EntwicklerIn verpflichtet, es der kritischen Öffentlichkeit leicht zu machen, eigene Produkte zu testen.[7] Das Befüllen der „Black Box" eines Algorithmus mit Testdaten kann deshalb ein mühsames Unterfangen sein. Anders lägen die Dinge, wenn es einen rechtlichen Anspruch auf Durchführung von Tests gäbe. Dann müssten die Algorithmen-EntwicklerInnen eine Schnittstelle vorsehen, über die Testdaten eingespeist werden können.[8] Schwierig wäre dies nicht – die Gesetzgebung muss das „nur" wollen und Richtlinien für Algorithmen durchsetzen, denen wir nicht oder nur schwer ausweichen können.

Hinzu kommt, dass die EntwicklerInnen KI-basierter Algorithmen inzwischen erkannt haben, dass es für die Akzeptanz von KI-Anwendungen nützlich ist, wenn sie erklärbar sind. *Explainable Artificial Intelligence* ist zu einem boomenden Forschungszweig geworden.[9] Viele Anwendungen algorithmischer Scorings, die geheimnisvoll aussehen, benötigen allerdings gar keine KI. Oft reichen einfache Heuristiken als Entscheidungsregeln aus, was wahrscheinlich beim SCHUFA-Score der Fall ist und ein Grund dafür sein könnte, warum seine simple Rezeptur nicht vollständig offengelegt wird.

---

7 Vgl. SVRV 2018, S. 132 ff. Auch der Abschlussbericht der Enquete-Kommission „Künstliche Intelligenz" des Deutschen Bundestags ist in diesem Punkt wenig ergiebig und bleibt recht allgemein (Enquete-Kommission, *Künstliche Intelligenz – Gesellschaftliche Verantwortung und wirtschaftliche soziale und ökologische Potenziale*, 2020, S. 37 ff.).
8 Vgl. Gerberding, Wagner, „Gesetzliche Qualitätssicherung", a. a. O.
9 Vgl. Wojciech Samek, Klaus-Robert Müller, „Towards Explainable Artificial Intelligence", in: Wojciech Samek, Grégoire Montavon, Andrea Vedaldi et al. (Hg.), *Explainable AI: Interpreting, Explaining Visualizing Deep Learning*, Cham 2019.

IV Schluss

Metriken der Ungleichheit und einfache arithmetische Klassifikationen (beispielsweise anhand des Geschlechts, Alters oder Vermögens) sind in der menschlichen Geschichte eine sehr alte Angelegenheit. Viele dieser Klassifizierungen wirken diskriminierend, weil Menschen nicht aufgrund individueller Eigenschaften und Fähigkeiten, sondern aufgrund von statistischen Gruppenmerkmalen klassifiziert werden.

Diskriminierung findet statt, wenn eine Klassifizierung nicht nur für Bewertungen in Lebensbereichen eingesetzt wird, für die sie erkennbar relevant ist, wie das Geschlecht etwa für das Gebären von Kindern, sondern auch dort, wo sie ohne Bedeutung sein sollte; das Geschlecht etwa bei der Verteilung wirtschaftlicher oder politischer Positionen. Diskriminierung wird umso wahrscheinlicher, je mehr eine Klassifizierung sachfremd angewendet wird, etwa wenn die SCHUFA-Bonität über den beruflichen Aufstieg entscheidet.

Notwendige, wenn auch nicht hinreichende Bedingungen für die gesellschaftliche Akzeptanz von arithmetischen Klassifizierungen sind deren Aussagekraft, etwa für Entscheidungen über den Schulbesuch von Kindern, und ihre Transparenz. Dadurch wird vielfach nicht nur ermöglicht, den eigenen Score im eigenen Interesse zu verändern, sondern vor allem auch die Möglichkeit eröffnet, auf dem Gerichtsweg gegen eine Klassifizierung bzw. einen Score vorzugehen.

Die Beispiele in diesem Beitrag zeigen zum Teil uralte nicht-digitale Klassifikationsschemata und „Scores". Der Umgang mit ihnen zeigt, dass wir Klassifizierungen nicht schutzlos ausgeliefert sind. Gesellschaftliche Regulierungen, die Unfairness und Diskriminierung verhindern, sind möglich, aber keineswegs selbstverständlich und einfach zu erreichen. Um den durch Big Data und KI auf die Spitze getriebenen Möglichkeiten der Klassifikation und der Ungleichheit nicht schutzlos ausgeliefert zu sein, sollten wir vorsichtshalber Iyad Rahwans (2018) Ratschlag folgen: „*Treat AI like a wild animal.*"[10] Markschies ist gleichwohl zuzustimmen, dass das empirisch vorfindliche spannungsreiche Verhältnis von Ungleichheitswahrnehmung und Gleichheitspostulaten dafür sorgen wird, dass es uns „wegen der durch die Arithmetisierung unserer Welt- und Menschenwahrnehmung gestiegenen Wahrnehmung von Ungleichheit nicht bange sein [sollte]" (in diesem Band, S. 26). Zurecht fügt er ebenfalls an, dass dieses spannungsreiche Verhältnis bewusst aufrechterhalten werden sollte: „In Zeiten der

---

10 Iyad Rahwan im Gespräch mit Sean O'Neill, in: *New Scientist*, Band 240, Nr. 3198, 2018, S. 42–43.

verschärften Wahrnehmung von Ungleichheiten müssen die Wahrnehmung von Gleichheit und die Theorien über Gleichheit gepflegt werden" (S. 26).

Wilfried Hinsch
Unterschiede, auf die es ankommt – Statistische Diskriminierung durch Computerprogramme

I Einleitung

Das Thema meines Beitrags ist statistische Diskriminierung durch die computergestützte Erstellung von Persönlichkeitsprofilen (*Profiling*). *Profiling* arbeitet mit Wahrscheinlichkeitsschätzungen über das zukünftige oder vergangene Verhalten von Personen, die zu einer Gruppe gehören, deren Mitglieder ein charakteristisches Verhaltensmuster zeigen. Es nutzt Unterschiede zwischen Persönlichkeitstypen, die mit statistisch zu erwartenden Unterschieden im Verhalten korrelieren – Unterschiede, auf die es ankommt, wenn wir wissen wollen, womit wir bei einer konkreten Person rechnen müssen.[1] Wenn statistisch gesehen mehr Frauen als Männer eines bestimmten Alters eine vielversprechende berufliche Laufbahn aus familiären Gründen unterbrechen oder ganz aufgeben, mögen Arbeitgeber annehmen, dass Frauen für Führungspositionen weniger geeignet sind als Männer, und zögern, Beförderungen anzubieten oder überhaupt weibliches Personal einzustellen. Dies wäre jedoch unfair gegenüber einer gut qualifizierten und ehrgeizigen jungen Frau, die nie auch nur in Erwägung ziehen würde, im Beruf zurückzustecken, um Kinder aufzuziehen oder einen Ehepartner zu unterstützen. Seien Sie fair, mag sie ihrem prospektiven Chef zurufen. *Don't judge me by my group!*

Statistische Diskriminierung ist, wie das Beispiel zeigt, nichts Neues und keineswegs auf die Erstellung von Persönlichkeitsprofilen mithilfe von Compu-

---

Eine ausführlichere englische Fassung dieses Beitrags mit einem Abschnitt über Fairness-Indizes für Computerprogramme findet sich in Vönecky et al. (Hg.), *The Cambridge Handbook of Responsible AI*, CUP (im Erscheinen).

[1] Die Wendung „Unterschiede, auf die es ankommt" nimmt Gregory Batesons Definition des Informationsbegriffs – *a difference that makes a difference* – in *Steps Towards an Ecology of Mind* (1972) auf. Ich bin Silja Vönecky, Julian Sommerschuh und Gert Wagner für erhellende Kommentare zu diesem Beitrag dankbar.

OpenAccess. © 2022 Wilfried Hinsch, publiziert von De Gruyter. Dieses Werk ist lizenziert unter einer Creative Commons Namensnennung – Nicht kommerziell – Keine Bearbeitung 4.0 International Lizenz. https://doi.org/10.1515/9783110769975-007

terprogrammen beschränkt.² *Profiling* in all seinen Erscheinungsformen – als intuitiver Rückgriff auf Stereotypen, statistische Klassifizierung alter Art oder computergestütztes *Data Mining* und maschinelles Lernen – ist eine Grundfunktion der Nutzung von Informationen im menschlichen Erkennen und Handeln. Es nutzt verfügbare Informationen über vergleichsweise leicht feststellbare Merkmale von Personen – etwa Geschlecht oder Alter – um Prognosen über weniger leicht feststellbare Eigenschaften aufzustellen, wie etwa ihre berufliche Qualifikation oder Kreditwürdigkeit. Was sich im Zuge des technologischen Fortschritts und mit dem Aufkommen von *Big Data* und Künstlicher Intelligenz (KI) verändert hat, ist die Effektivität und Reichweite von *Profiling*-Techniken und damit die wirtschaftliche und politische Macht derjenigen, die sie kontrollieren und einsetzen. Immer mehr Unternehmen und auch staatliche Stellen setzen computergestütztes *Profiling* ein, sei es, um Gewinne zu machen oder um anderer Zwecke willen.

Es ist oft herausgestellt worden, dass es sich bei dieser Entwicklung nicht nur um segensreichen technischen Fortschritt handelt.³ Nicht alle Anwendungen von durch Computerprogramme erstellten Profilen dienen dem menschlichen Wohl und viele verletzen unsere Vorstellungen von Fairness und sozialer Gerechtigkeit.⁴ Wichtige Fixpunkte öffentlicher Kontroversen sind die staatliche Überwachung und Unterdrückung von BürgerInnen durch Computerprogramme sowie die Manipulation ihrer politischen Einstellungen und Entscheidungen durch die maschinelle Verbreitung von einseitigen Informationen und Falschmeldungen (*Fake News*). Andere Befürchtungen betreffen den Schutz der Persönlichkeit, die Beeinflussung von Kaufentscheidungen und die Kommerzialisierung aller Lebensbereiche. Die von Unternehmen wie Google, Facebook und Amazon beim *Profiling* eingesetzten Programme dringen tief in das Privatleben ihrer NutzerInnen ein und verwenden die gewonnenen Informationen kommerziell. Dies wirft Fragen des Dateneigentums und des Schutzes der Privatsphäre auf. Profile, die Werbung und andere Informationen gezielt an hochspezifische Zielgruppen lenken, bedienen

---

2 Zur langen Geschichte der Ungleichbehandlung von Menschen aufgrund von Zahlen siehe auch den Beitrag von Gert Wagner in diesem Band, „Metriken der Ungleichheit sind uralt" (S. 55–66).
3 Siehe auch den Beitrag von Christoph Markschies in diesem Band, „Wer entscheidet, ob ich potentiell gefährlich bin?" (S. 11–27), sowie im Weiteren u. a. Virginia Eubanks, *Automating Equality: How High-Tech Tools Profile, Police and Punish the Poor*, New York 2018; Safiya Umoja Noble, *Algorithms of Oppression: How Search Machines Reinforce Racism*, New York 2018; Cathy O'Neill, *Weapons of Math Destruction: How Big Data Increases Inequality and Threatens Democracy*, London 2017; Shoshana Zuboff, *The Age of Surveillance Capitalism*, London 2019.
4 Mireille Hildebrandt, Serge Gutwirth, *Profiling the European Citizen: Cross-Disciplinary Perspectives*, Dordrecht 2008.

und verstärken bestehende Konsummuster und Verhaltensweisen. Dies muss nicht immer unwillkommen sein. Dennoch ist es ein Problem. Individuelle Überzeugungen, Einstellungen und Vorlieben werden zunehmend durch Computerprogramme geprägt, die sich weitgehend, wenn nicht vollständig, unserer Kontrolle entziehen.

Die lebhafte öffentliche Diskussion über computergestütztes *Profiling* entspringt zugleich der Angst und der Faszination. Beide werden gleichermaßen von der rasanten Entwicklung der Informationsverarbeitung in den letzten Jahrzehnten genährt. Es ist vor dem Hintergrund nervöser Aufmerksamkeit nicht ohne Bedeutung festzustellen, dass sich die grundlegenden moralischen und rechtlichen Fragen der statistischen Diskriminierung und des maschinellen *Profilings* nicht speziell auf die technologische Seite des *Profilings* beziehen. Es handelt sich um Probleme unzulässiger Diskriminierung aufgrund von statistischen Kategorien und Vorhersagen im Allgemeinen. Der wesentliche Unterschied zwischen Diskriminierung durch Computerprogramme und herkömmlichen Formen der Diskriminierung liegt in der größeren Leistungsfähigkeit und Vorhersagekraft der Maschinen. Die erweiterten technischen Möglichkeiten eines computergestützten *Profilings* – sowohl in der Gewinnung und Auswertung von Informationen als auch in ihrer Nutzung – verstärken die Wirksamkeit bestehender Vorurteile und lassen erwarten, dass an vielen Stellen bereits bestehende Ungleichheiten vertieft und etablierte Praktiken der Benachteiligung noch einmal verstärkt werden. In einer Welt, in der sich das Ausnutzen von Stereotypen und Vorurteilen wirtschaftlich und politisch auszahlt, ist es eine gewaltige intellektuelle und praktische Herausforderung, institutionelle Regelungen zu schaffen, die unfairen und moralisch fragwürdigen Praktiken des computergestützten *Profilings* entgegenwirken. In diesem Beitrag sollen jedoch keine konkreten praktischen Probleme erörtert werden, sondern eine Grundfrage der öffentlichen Moral einer zunehmend durch elektronische Informationsverarbeitung regulierten Gesellschaft: *Welche Anforderungen der Fairness und Gerechtigkeit[5] muss computergestütztes Profiling erfüllen, wenn es für BürgerInnen mit gleichen Rechten auf Achtung und Berücksichtigung ihrer Interessen akzeptabel sein soll?*

Im nächsten Abschnitt (II) werden vertraute Vorstellungen moralisch unzulässiger Diskriminierung erörtert. In ihnen spielen Listen suspekter Gründe für die Benachteiligung von Menschen wie Hautfarbe, Geschlecht oder Herkunft eine zentrale Rolle, die überprüft werden sollen. Die Fokussierung auf bestimmte

---

5 In diesem Beitrag werden „Fairness" und „Gerechtigkeit" größtenteils synonym verwendet. „Fairness" zielt eher auf die prozeduralen Aspekte des *Profilings*, „Gerechtigkeit" eher auf dessen Folgen für Individuum und Gesellschaft.

Merkmale von Personen, die als suspekte Diskriminierungsgründe gelten, erschwert eine angemessene moralische Beurteilung computergestützter Formen des *Profilings*, denn diese arbeiten mit einer Vielzahl heterogener Merkmale, die nicht notwendigerweise zu den suspekten gehören. In den Abschnitten III und IV wird deshalb eine alternative Sichtweise vorgestellt, die Diskriminierung als eine Form regelgeleiteter sozialer Praxis begreift, welche Personen unzulässige Belastungen auferlegt. Das Übel der Diskriminierung liegt letztlich nicht in suspekten Gründen der Ungleichbehandlung, sondern in den Belastungen und Nachteilen, die diskriminierende Praktiken den von ihnen Betroffenen zumuten. In den Abschnitten V und VI wird dieses praxisorientierte Verständnis von Diskriminierung auf statistisches und computergestütztes *Profiling* angewendet. Es wird dargelegt, warum *Profiling* ein allgemeines Merkmal menschlichen Erkennens und Handelns ist und warum es nicht *per se* mit unzulässiger Diskriminierung einhergeht. Dessen ungeachtet erweisen sich auch statistisch solide Profile nicht selten als prozedural unfair und – darüber hinaus – aufgrund der mit ihnen verbundenen Belastungen für die Betroffenen als moralisch unzulässig.

II Suspekte Unterscheidungen

Diskriminierung bedeutet in vielen Fällen, dass Menschen aus dubiosen Motiven in inakzeptabler Weise behandelt werden. Dies kann auf viele Weisen geschehen. Menschen mögen etwa schlecht behandelt werden, weil andere sie nicht leiden können oder gar hassen. Ein Beispiel ist die Rassendiskriminierung, die auf moralisch nicht vertretbaren Einstellungen beruht und einen groben Mangel an Menschlichkeit verrät. Schon der allgemeine Anstand verlangt, dass allen Menschen mit Respekt begegnet wird; dies ist mit den abwertenden Ansichten und bösartigen Einstellungen unvereinbar, die Rassisten gegenüber den von ihnen Verachteten hegen. Rassismus ist ein hartnäckiges soziales Übel. Als ein Gegenstand der Moraltheorie wirft der Rassismus jedoch keine schwierigen Fragen auf. Hat man einmal verstanden, dass der Eigenwert einer Person auf allgemeinen menschlichen Eigenschaften und Fähigkeiten beruht, die durch Hautfarbe, Geschlecht oder Herkunft nicht beeinträchtigt werden, ist offensichtlich, dass Rassismus zutiefst unmoralisch ist.

Diskriminierung als solche setzt jedoch weder entwürdigende Einstellungen noch feindselige Absichten voraus. Väter, Brüder und Ehemänner mögen Frauen achten und ihnen dennoch die gebührende Gleichberechtigung im Haushalt, in der Ausbildung und in der Politik verweigern. Diskriminierung, die in entwürdigenden Einstellungen und Absichten begründet liegt, ist ein erschreckend häufiges Phänomen. Es ist jedoch nicht die Art von Diskriminierung, die uns hilft, das in jeder Form von Diskriminierung liegende Unrecht besser zu verstehen. Tatsächlich wurde der Begriff der statistischen Diskriminierung eingeführt, um diskriminierende Formen der Benachteiligung zu erfassen, die nicht aus herabwürdigenden Einstellungen resultieren.[6]

Die öffentliche Moral moderner Gesellschaften ist eine egalitäre Moral gleicher Achtung und gleicher Rechte, für die Diskriminierungsverbote grundlegend sind. Diskriminierung bedeutet für Personen mit bestimmten Merkmalen oder Merkmalskombinationen ernsthafte Belastungen und Nachteile, die mit ihrem Anspruch auf gleiche Achtung und Berücksichtigung unvereinbar sind. Diskriminierung ist nicht einfach die Ungleichbehandlung von Personen *mit* bestimmten Merkmalen, sondern Benachteiligung *aufgrund* dieser Merkmale. Der Schwerpunkt des gängigen Verständnisses liegt dabei auf einer recht begrenzten Anzahl von Merkmalen, zu denen Hautfarbe, Geschlecht, Behinderung und Alter gehören. Listen suspekter Diskriminierungsgründe finden sich an prominenten Stellen in internationalen und nationalen Menschenrechtsdokumenten. Die *Allgemeine Erklärung der Menschenrechte* macht 1949 den Anfang mit einer Liste diskreditierter Gründe im zweiten Artikel, die zur Vorlage für ähnliche Listen im sich entwickelnden Korpus menschenrechtlicher Diskriminierungsverbote wurde.

> Jeder hat Anspruch auf alle in dieser Erklärung verkündeten Rechte und Freiheiten, ohne irgendeinen Unterschied, etwa nach Rasse, Hautfarbe, Geschlecht, Sprache, Religion, politischer oder sonstiger Überzeugung, nationaler oder sozialer Herkunft, Vermögen, Geburt oder sonstigem Stand (Art. 2).[7]

Historisch gesehen erscheint die Liste sinnvoll. Sie erinnert daran, was lange Zeit vermeintlich gute Gründe für die Verweigerung grundlegender Menschenrechte waren. Was ihren normativen Gehalt betrifft, ist die Liste jedoch bemerkenswert redundant. Wenn alle Menschen „gleich an Würde und Rechten" sind, wie es der erste Artikel der *Allgemeinen Erklärung* verkündet, haben alle Menschen notwendigerweise den gleichen Status und die gleichen Rechte, trotz *aller* Unterschiede, die zwischen ihnen bestehen mögen, eingeschlossen natürlich Unterschiede der Hautfarbe, des Geschlechts, usw. Inhaltlich fügt Artikel 2 der

---

[6] Siehe Kenneth Arrow, „Models of Job Discrimination", in: A. Pascal (Hg.), *Racial Discrimination in Economic Life*, Lexington 1972, S. 83–102.
[7] Eine fast identische Liste findet sich zum Beispiel in Art. 14 der Europäischen Menschenrechtskonvention von 1950. Dieselbe Liste steht prominent in Art. 26 des Internationalen Pakts über bürgerliche und politische Rechte (ICCPR) und in Art. 2 des Internationalen Pakts über wirtschaftliche, soziale und kulturelle Rechte (ICESCR). Beide Pakte wurden 1966 vereinbart und sind, nach der erforderlichen Bestätigung in den beteiligten Staaten, seit 1976 verbindliches Völkerrecht.

Allgemeinen Erklärung der Menschenrechte der Proklamation gleicher Rechte in Artikel 1 also nichts hinzu.

Darüber hinaus stellt sich die Frage, welche Unterschiede zwischen Menschen demgegenüber als respektable Gründe für eine Ungleichbehandlung anzusehen wären – oder eben, weil es so viele Gründe gibt, nicht alle Menschen gleich zu behandeln, anhand welcher Kriterien wir entscheiden, ob ein Merkmal zu den suspekten oder zu den respektablen Unterscheidungsgründen gehört. Bei der Einstellung von MitarbeiterInnen sind berufliche Qualifikationen anerkannte Gründe für Ungleichbehandlung, nicht aber Hautfarbe, Geschlecht, oder Herkunft; und wenn es um die polizeiliche Überwachung von Menschen aufgrund von Sicherheitsbedenken geht, muss, so nehmen wir an, der relevante Unterschied das kriminelle Verhalten einer Person sein und wiederum nicht Hautfarbe, Geschlecht oder Herkunft; die Zulassung zu einer weiterführenden Schule oder Universität sollte eine Frage der Begabung und wissenschaftlichen Befähigung sein und sich nicht am sozialen Status der Eltern orientieren, usw. Die Unterscheidungsmerkmale, die allgemein anerkannte Gründe für eine Ungleichbehandlung darstellen (berufliche Qualifikation, kriminelles Verhalten, Begabung), sind offenbar kontextabhängig. Sie ergeben sich aus den Zielvorgaben und Rahmenbedingungen der jeweiligen Handlungszusammenhänge. Im Gegensatz dazu scheinen die Unterschiede, auf die es nicht ankommen sollte (Hautfarbe usw.), weithin dieselben zu sein.

Man beachte jedoch, dass für bestimmte Zwecke und unter bestimmten Bedingungen ‚suspekte' Merkmale sehr wohl respektable Gründe für eine Ungleichbehandlung sein können. Man denke an die Auswahl von SozialarbeiterInnen oder PolizeibeamtInnen für Stadtteile mit einer dominierenden ethnischen Gruppe. Im Hochschulbereich mögen, wie etwa in den Vereinigten Staaten, ethnische Herkunft und Geschlecht im Rahmen von *Affirmative-Action*-Programmen zu Recht als Zulassungskriterien gelten. Man bedenke, dass ein wichtiges Ziel von Universitäten auch darin besteht, Mitglieder von Minderheiten und benachteiligten Gruppen zu Führungskräften und Vorbildern für andere auszubilden. Bei der Auswahl von SchauspielerInnen für Filmaufnahmen dürfte selbst die Hautfarbe unverdächtig sein, wenn zum Beispiel ein schwarzer Schauspieler für die Rolle des Martin Luther King gesucht wird oder eine weiße Schauspielerin, um Eleanor Roosevelt zu spielen. Gleichwohl scheinen selektive Entscheidungen, die sich an diskriminierungsverdächtigen Merkmalen orientieren, nur unter besonderen Umständen zulässig zu sein, ansonsten jedoch unzulässig.[8]

---

[8] Man mag einwenden, die Hautfarbe *allein* rechtfertige auch in den im Text angeführten Beispielen keine Benachteiligung. Dies gilt freilich genauso für jeden beliebigen anderen Unter-

Ein auf suspekten Unterscheidungsmerkmalen beruhendes Verständnis von Diskriminierung ist naheliegend. Es deckt ein breites Spektrum von allgemein geteilten Vorstellungen über unfaire Benachteiligung ab. Gleichwohl ist es irreführend und als Basis moralischer Kritik unzureichend. Es ist irreführend, weil es suggeriert, dass das Unrecht der Diskriminierung mit Hilfe suspekter Unterscheidungsgründe erklärt werden kann. Es ist unzureichend, weil es keine Kriterien liefert, die erlauben würden, eine einigermaßen klare Linie zwischen zulässigen und unzulässigen Formen der sozialen Benachteiligung zu ziehen. Wie wir gesehen haben, stellen nicht alle Formen der Benachteiligung, die auf suspekten Merkmalen beruhen, eine unzulässige Diskriminierung dar. Und es ist unmöglich zu entscheiden, ob ein Merkmal ein unzulässiger oder ein zulässiger Grund für Ungleichbehandlung ist, ohne den Zweck und den Kontext der jeweiligen selektiven Praxis zu kennen. Es ist daher ein von den suspekten Unterscheidungsgründen unabhängiges Kriterium erforderlich, um herauszufinden, welche Gründe im jeweiligen Kontext respektable Gründe für eine unterschiedliche Behandlung und ggf. auch Benachteiligung sind und welche nicht.

III Diskriminierung als soziale Praxis

Diskriminierung ist wesentlich ein soziales Phänomen; sie setzt einen Hintergrund geteilter Bewertungen, Einstellungen und Praktiken voraus. Mitglieder einer Gruppe behandeln Mitglieder einer anderen Gruppe regelmäßig – direkt oder indirekt, absichtlich oder unabsichtlich, aus persönlichen oder unpersönlichen Gründen – schlechter, als es im Lichte einer Moral gleicher Achtung und Berücksichtigung geboten wäre. Ein Geschäftsführer, der eine qualifizierte Bewerberin für eine Führungsposition nicht einstellt, weil sie eine Frau ist, mag aus verschiedenen Gründen moralisch fragwürdig handeln: aus mangelnder Achtung vor Frauen etwa oder aufgrund unbegründeter Vorurteile. Wäre er der einzige Arbeitgeber in der Stadt, der keine Frauen für Führungspositionen einstellt – oder einer von nur wenigen –, würde seine persönliche Einstellung und Entscheidung gewiss nicht weniger fragwürdig sein. Sein Handeln würde aber keine Diskriminierung darstellen, denn seine für Frauen frustrierende Bevorzugung von Män-

---

schied zwischen Personen. Es wäre nicht weniger unfair und entwürdigend, Menschen mit grünen Augen *allein aufgrund ihrer Augenfarbe* schlechter zu behandeln als andere. Bei Licht betrachtet rechtfertigt kein isoliertes Merkmal und kein einzelner, von anderen Überlegungen losgelöster ‚Grund' irgendetwas. Alle Erwägungen, die in konkreten Zusammenhängen für eine Gleich- oder Ungleichbehandlung von Menschen sprechen, sind Gründe nur in Verbindung mit anderen Gründen. Ein atomistisches Verständnis von Gründen wäre wenig überzeugend.

nern würde nicht zu den charakteristischen Belastungen und Nachteilen führen, durch die sich Diskriminierung als ein soziales Übel auszeichnet. Es ist ja ein großer Unterschied, ob man bei einer Firma – oder einigen wenigen – fürchten muss, aufgrund seines Geschlechts benachteiligt zu werden, oder bei sehr vielen, wenn nicht bei allen. In vielen Fällen wird auch eine moralisch fragwürdige Voreingenommenheit, wenn sie nicht von vielen geteilt wird, im Einzelfall überhaupt keine ungewöhnliche Benachteiligung für diejenigen nach sich ziehen, gegen die sie sich richtet. So könnten bei nur vereinzelt vorkommender Abweisung abgelehnte Bewerberinnen einfach bei einem / einer anderen ArbeitgeberIn vorstellig werden, ohne eine unfaire Behandlung fürchten zu müssen. Es sind erst die kumulativen Folgen allgemeiner sozialer Praktiken und nicht schon die Einstellungen und Handlungen von Einzelpersonen, die zum spezifischen Unrecht der Diskriminierung führen. Diskriminierung setzt die Existenz etablierter Praktiken mit kumulativen Folgen voraus, die Einzelpersonen besondere Beeinträchtigungen auferlegen, zu denen es nur aufgrund der jeweiligen Praxis kommt und nicht schon aufgrund der Handlungen einzelner Personen. Dies spricht für eine Analyse von Diskriminierung, die bei sozialen Praktiken und ihren Folgen ansetzt und nicht bei persönlichen Einstellungen oder suspekten Unterscheidungsgründen.

Diskriminierende Praktiken unterscheiden sich nach den Merkmalen, die als Selektionskriterien das Handeln der an ihnen Beteiligten leiten. Es sind diese Merkmale, die darüber entscheiden, wie Personen als einzelne behandelt werden und welchen Personengruppen ungleiche Belastungen zugemutet werden. Sie fungieren als *Diskriminierungsgründe* und bilden die für die jeweilige Praxis konstitutiven Regeln. Dies garantiert ihnen eine zentrale Stellung in jeder Theorie der Diskriminierung. Es handelt sich bei den betreffenden Merkmalen jedoch nicht um ‚Diskriminierungsgründe' auch in dem weiteren Sinne, dass durch sie entschieden würde, welche Formen der Ungleichbehandlung moralisch zulässig sind und welche nicht. Sie selbst bieten keine Kriterien für die moralische Bewertung der durch sie wesentlich bestimmten sozialen Praktiken. Menschen werden nicht schon darum diskriminiert, weil ihnen aufgrund bestimmter Merkmale – welche immer es sein mögen – besondere Belastungen oder Nachteile zugemutet werden. Diskriminierung liegt erst dann vor, wenn eine Praxis der Ungleichbehandlung aus der Perspektive einer Moral gleicher Achtung und Berücksichtigung (a) schon im Ansatz ungerechtfertigt, wenn nicht inakzeptabel ist, oder (b) ein Mangel an prozeduraler Fairness vorliegt oder (c) wenn die aus ihr resultierenden Belastungen für die Betroffenen unverhältnismäßig sind.

Eine andere Sichtweise auf den sozialen Charakter der Diskriminierung ergibt sich, wenn wir nicht von den Akteuren und Praktiken der Ungleichbehandlung ausgehen, sondern von den durch Diskriminierung beeinträchtigten Personengruppen. Häufig sind es Minderheiten und benachteiligte Gruppen am Rande der Gesellschaft, die zu Opfern unzulässiger Benachteiligung werden. Ist es ein notwendiges Merkmal von Diskriminierung, dass sie sich gegen Minderheiten und benachteiligte Gruppen richtet? Besteht das Unrecht der Diskriminierung darin, dass es Menschen zusätzliche Belastungen auferlegt, die ohnehin schon schlechter gestellt sind als die meisten?

Tatsächlich helfen unsere Vorstellungen über Minderheiten und benachteiligte Gruppen nur wenig, besser zu verstehen, was es mit dem Unrecht der Diskriminierung auf sich hat. Frauen sind keine Minderheit und trotzdem ungerechter Benachteiligung ausgesetzt und was Migranten betrifft, kommt es darauf an, wie viele Menschen mit Migrationshintergrund in einer Gesellschaft leben. Wir dürfen auch die Diskriminierung von indigenen Mehrheiten im Gefolge von Imperialismus und Kolonialismus nicht vergessen. Die Fixierung auf benachteiligte Gruppen birgt zudem die Gefahr, Diskriminierung als Misshandlung bereits diskriminierter Gruppen zu verstehen und sich im Kreis zu drehen, ohne etwas zu erklären. Auch wenn viele empörende Formen der Diskriminierung Menschen aufgrund von Merkmalen treffen, die ausgegrenzte und benachteiligte Gruppen charakterisieren, ist es keine notwendige Bedingung von Diskriminierung, dass sie sich gegen Personen richtet, die solchen Gruppen angehören.

Es ist ein Vorteil des Praxisverständnisses von Diskriminierung, dass es weder Minderheiten noch benachteiligte soziale Gruppen voraussetzt. Die elementare Form von Diskriminierung ist, diesem Verständnis zufolge, die Benachteiligung von Einzelpersonen aufgrund allgemeiner Merkmale, die ihnen im Rahmen einer sozialen Praxis zugeschrieben werden. Personen, die aufgrund von Merkmalen, die sie mit anderen teilen, diskriminierenden Praktiken ausgesetzt sind, sind damit selbstverständlich auch ‚Mitglieder' einer ‚Gruppe' – der Gruppe aller Menschen mit eben diesen Merkmalen. Sie sind es zunächst aber lediglich in einem rein formalen Sinn, als Elemente der Klasse von Personen, denen das betreffende Merkmal zugeschrieben wird. Sie sind damit aber nicht notwendigerweise auch Mitglieder einer (sozialen) Gruppe von Personen, mit denen sie sich identifizieren und von denen sie als dazugehörig betrachtet würden. Personen, die aufgrund bestimmter Eigenschaften diskriminiert werden, müssen in der Tat nicht einmal wissen, dass es andere gibt, die aufgrund derselben Merkmale ebenfalls benachteiligt werden. Dies ist für das Verständnis von statistischer Diskriminierung durch computergestütztes *Profiling* von einiger Bedeutung, wenn durch Computerprogramme verstreute Gruppen von Personen durch komplexe Kombinationen sehr vieler Merkmale identifiziert werden und die so Identifizierten wahrscheinlich nicht einmal ahnen, dass sie sich durch diese Merkmale auszeichnen, die sie mit zahlreichen anderen, ihnen unbekannten Menschen teilen.

Wir müssen unterscheiden zwischen dem, was Diskriminierung in allen Fällen zu einem Unrecht macht, und dem, was konkrete Formen der Diskriminierung unter bestimmten Bedingungen zu einem mehr oder weniger gravierenden Übel werden lässt. Das Gefühl der Zugehörigkeit zu einer Gruppe von Menschen mit einem gemeinsamen Selbstverständnis und das Bewusstsein, seit langem schon als Gruppe diskriminierenden Praktiken ausgesetzt zu sein, verstärkt die persönlichen Belastungen und schädlichen Folgen der Diskriminierung. Auch lässt es die Betroffenen erkennen, dass sie keine Opfer individueller Verfehlungen sind, sondern die Leidtragenden einer lange währenden und von vielen geübten Praxis, was wiederum Zugehörigkeitsgefühle und die Bildung kollektiver Identitäten fördert und tendenziell zur Entstehung politischer Akteure und sozialer Bewegungen beiträgt. Mitglied einer ohnehin benachteiligten sozialen Gruppe zu sein, verstärkt in vielen Fällen die aus diskriminierenden Praktiken resultierenden individuellen Belastungen, es ist aber keine notwendige Bedingung von Diskriminierung.

IV Unzulässige Benachteiligung

Viel von dem, was wir anderen aufgrund unserer persönlichen Neigungen und Präferenzen als Belastung oder Benachteiligung zumuten, ist geringfügig und vernachlässigbar. Es entzieht sich einer verbindlichen moralischen Bewertung und sozialen Regulierung. Und vieles, was nicht ohne Weiteres als geringfügig vernachlässigt werden kann, folgt keiner erkennbaren sozialen Regel. Wir nehmen an, dass es jeden einmal trifft, sodass im Zeitverlauf ein gewisser Gleichstand zustande kommt. Auch sind viele Belastungen und Nachteile, die sich im sozialen Verkehr für Einzelne ergeben, durch vorangegangene Vereinbarungen oder Erwägungen des gegenseitigen Nutzens gerechtfertigt. Diskriminierung zeichnet sich demgegenüber dadurch aus, dass Personen regelmäßig und auf vorhersehbare Weise – ohne ihre Zustimmung oder einen gemeinschaftlichen Gewinn – ernsthaften und nicht vernachlässigbaren Belastungen ausgesetzt sind.[9]

---

[9] Naturgemäß haben Menschen unterschiedliche Vorstellungen darüber, was ‚ernsthafte' und ‚nicht vernachlässigbare' Belastungen sind. Angesichts der Verletzlichkeit und Endlichkeit unserer Existenz gibt es zweifellos Grenzen für das, was in sozial anerkannter und verbindlicher Weise als geringfügig oder vernachlässigbar gelten kann. Diese lassen sich aber nicht eindeutig durch moralische Prinzipien bestimmen. Beschwerden über Diskriminierung setzen deshalb ein sozial eingespieltes Einverständnis über Schwellenwerte für ernsthafte und nicht vernachlässigbare Belastungen voraus, das sich im Zuge gesellschaftlicher Entwicklungen verschieben mag, ohne dass es ein trennscharfes Kriterium zur Bewertung dieser Verschiebungen gäbe.

Wer diskriminiert wird, wird nicht nur in unzulässiger Weise schlecht behandelt. Er wird *schlechter* behandelt als andere. EinE LehrerIn, der / die alle SchülerInnen der Klasse mit der gleichen Verachtung behandelt, verhält sich moralisch verwerflich, ihm / ihr kann aber keine Diskriminierung vorgeworfen werden. Und es ist eine Sache, sich wie üblich an Flughäfen und anderen Orten lästigen Sicherheitskontrollen unterziehen zu müssen, eine andere, häufiger und auf unangenehmere Weise kontrolliert zu werden als die meisten. Diskriminierung setzt eine *interpersonelle* Schlechterstellung voraus, deren Beeinträchtigungen aus unparteiischer Perspektive nicht durch Gewinne oder Vorteile für die Betroffenen selbst oder für andere gerechtfertigt werden können. Das Unrecht der Diskriminierung besteht insofern in einer distributiven Ungerechtigkeit; es werden einigen Mitgliedern der Gesellschaft Belastungen und Nachteile auferlegt, die unparteiisch betrachtet in keinem angemessenen Verhältnis zu dem stehen, was durch sie als Gewinn oder Vorteil ermöglicht wird.

Man mag zögern, der Auffassung zuzustimmen, Diskriminierung sei letztlich ein Problem der distributiven Gerechtigkeit. Scheint sie doch zu übersehen, was Diskriminierung einzigartig macht, und warum sie oft stärker empfunden wird als andere Formen ungerecht verteilter Belastungen. Tatsächlich ist nicht jede Ungerechtigkeit in der sozialen Verteilung von Vor- und Nachteilen das Ergebnis von Diskriminierung. Nur solche Verteilungen sind es, die als das vorhersehbare Ergebnis selektiver sozialer Praktiken zustande kommen. Vergleichen wir unter diesem Gesichtspunkt das genderspezifische Lohngefälle zwischen Männern und Frauen mit der allgemeinen Einkommensungleichheit in modernen Volkswirtschaften. In einer marktwirtschaftlich organisierten Gesellschaft ist die primäre Verteilung der Erwerbseinkommen das nicht vorhersehbare kumulative Ergebnis unzähliger wirtschaftlicher Transaktionen. Die beteiligten Akteure verfolgen ihre je eigenen Ziele und sie folgen keiner sozialen Regel, aus deren allgemeiner Befolgung sich die jeweilige Einkommensverteilung als absehbares Gesamtergebnis ergäbe. Im Gegensatz dazu ist das beachtliche Lohngefälle zwischen Männern und Frauen in vielen Gesellschaften nicht schlicht das Ergebnis zahlloser ungelenkter und in ihren kumulativen Auswirkungen nur vage abschätzbarer Transaktionen. Die beste Erklärung für die Existenz des *gender pay gap* liegt, nach allem, was wir wissen, in von Gendermerkmalen gelenkten sozialen Praktiken, die Frauen wirtschaftlich unfair benachteiligen. Die genderspezifische Einkommensungleichheit ist, nicht anders als die generelle Einkommensungleichheit, eine Frage der distributiven Gerechtigkeit; sie unterscheidet sich jedoch von dieser durch ihre Rückführbarkeit auf regelgeleitete soziale Praktiken der Ungleichbehandlung von Männern und Frauen.

V Statistische Diskriminierung

Diskriminierung durch computergestütztes *Profiling* ist ein Sonderfall der ‚statistischen Diskriminierung'. Statistiken können für Fragen der sozialen Gerechtigkeit auf verschiedene Weise von Bedeutung sein. So mag eine statistische Einkommensverteilung selbst als eine Ungerechtigkeit betrachtet werden, wenn die obersten 10 % der am besten Verdienenden nahezu 40 % des Volkseinkommens auf sich vereinen, während sich die unteren 50 % mit knapp 20 % zufriedengeben müssen.[10] Statistiken können aber auch ein Indikator für Ungerechtigkeiten sein, wenn beispielsweise die Unterrepräsentation von Frauen in Führungspositionen auf eine Schieflage des Arbeitsmarkts und unfaire Rekrutierungspraktiken hinweist. Schließlich können Statistiken, wie unser Eingangsbeispiel gezeigt hat, auch selbst die Ursache von unzulässiger Ungleichbehandlung sein und dazu beitragen, die aus diskriminierenden Praktiken resultierenden Belastungen und Nachteile für bestimmte Gruppen zu verstärken. Wenn allgemein angenommen wird, dass Frauen häufiger als Männer aus beruflichen Karrieren aussteigen, werden ArbeitgeberInnen zögern, Frauen zu befördern oder für Führungspositionen einzustellen. Und wenn allgemein bekannt ist, dass nur wenige Frauen nach oben kommen, werden Mädchen und junge Frauen zögerlicher sein als ihre männlichen Altersgenossen, sich für Spitzenpositionen zu qualifizieren, was wiederum Genderstereotypen bestätigt und weiterer Diskriminierung den Boden bereitet.

Viele Formen der Diskriminierung sind statistischer Natur, wenn auch nicht immer im rechnerischen (algorithmischen) Sinne. Sie beruhen auf Vorstellungen über die quantitative Verteilung negativ bewerteter Eigenschaften wie Mangel an Leistungsfähigkeit oder Unzuverlässigkeit zwischen Gruppen, deren Mitglieder sich durch Merkmale wie zum Beispiel Hautfarbe, Geschlecht oder Herkunft unterscheiden. Die negativ bewerteten Eigenschaften werden als typisch für Mitglieder der jeweils anderen Gruppe angesehen, auch wenn in der Regel zugegeben wird, dass streng genommen nicht alle ihrer Mitglieder diese Eigenschaften tatsächlich haben. Statistische Diskriminierung beruht oft auf vermeidbaren Fehlannahmen über die relative Häufigkeit unerwünschter Eigenschaften in verschiedenen sozialen Gruppen. Sie beruht aber nicht notwendigerweise auf Vorurteilen oder Fehlschlüssen. ArbeitgeberInnen betrachten Hautfarbe, Geschlecht oder Herkunft nicht zwingend als Einstellungshindernis, aber immer

---

[10] Die genauen Zahlen für Deutschland im Jahr 2018 sind nach der *World Inequality Database* 37,3 % (T10) und 18,9 % (B50). Siehe World Inequality Database, „Income inequality, Germany 1980–2019", https://wid.world/country/germany/, aufgerufen am 21.12.2021.

sind sie nachvollziehbarerweise daran interessiert, den zukünftigen Beitrag potentieller MitarbeiterInnen zum Erfolg ihres Unternehmens einschätzen zu können. Und in dem Maße, in dem vergleichsweise gut feststellbare Merkmale eine statistisch verlässliche Grundlage für Prognosen über die noch unbekannte Produktivität von BewerberInnen liefern, werden Arbeitgeber sie bei der Einstellungen berücksichtigen. Dasselbe gilt für ManagerInnen in Banken und Versicherungen, PolizeibeamtInnen und überhaupt jeden Akteur (egal ob männlich oder weiblich), der Entscheidungen trifft, die für Personen mit bestimmten Eigenschaften ernsthafte Nachteile und Belastungen mit sich bringen. Sie alle lassen sich von vergleichsweise gut feststellbaren Merkmalen leiten, um zu verlässlichen Prognosen über weniger gut feststellbare Eigenschaften von Personen zu gelangen, und zwar ganz unabhängig davon, ob die jeweiligen Unterscheidungsmerkmale zur Gruppe der diskriminierungsverdächtigen Merkmale gehören oder nicht. Statistische Diskriminierung ist Benachteiligung aufgrund greifbarer (manifester) persönlicher Merkmale, die als Stellvertreter (*proxies*) für andere, schlechter fassbare (nicht-manifeste) Eigenschaften hergenommen werden, die den eigentlichen Diskriminierungsgrund bilden.

Die dieser Form der Diskriminierung zugrunde liegende Logik statistischen Räsonierens ist grundlegend für alle Formen rationalen Erkennens und Handelns. Diskriminierung durch Algorithmen mit systematisch erhobenen Daten ist lediglich ein Spezialfall. Sie beruht auf Persönlichkeitsprofilen, die rationale Erwartungen über das zukünftige Verhalten von Personen, auf die das Profil passt, stützen. Ein Profil besteht aus einer begrenzten, aber im Prinzip beliebig großen Kombination persönlicher Merkmale, die die Rolle von *Prädiktoren* übernehmen, welche in ihrer Gesamtheit eine Prognose darüber ermöglichen, durch welche weiteren Eigenschaften sich eine Person mit dem Profil mit einer gewissen Wahrscheinlichkeit auszeichnet. Ein statistisch solides fundiertes Profil ist ein Profil, das eine solche Prognose durch ein gültiges induktiv-statistisches Argument stützt. Technisch gesehen sind Profile bedingte Wahrscheinlichkeiten: Sie geben einen Wahrscheinlichkeitswert α dafür an, dass eine Person i des Persönlichkeitstyps F (mit den manifesten Merkmalen F', F'', F''', ...) auch das (nicht-manifeste, sondern lediglich erwartete) Merkmal G aufweist.

$$p(G_i | F_i) = \alpha^{11}$$

---

11 Lies: „Die Wahrscheinlichkeit, dass eine Person i mit der Eigenschaft F auch eine Person mit der Eigenschaft G ist, ist α." Bedingte Wahrscheinlichkeiten können prognostizierten Eigenschaften numerische (0 – 1,0) oder nicht-numerische Wahrscheinlichkeitsangaben (hoch, niedrig) zuordnen. Für die moralische Beurteilung statistischer Profile ist dieser Unterschied nur von

Profiling aufgrund von Prädiktoren und Stellvertretermerkmalen – also der Übergang von vergleichsweise leicht feststellbaren Merkmalen zu weniger leicht feststellbaren Eigenschaften aufgrund von statistischen Korrelationen und Wahrscheinlichkeitsannahmen ist nicht auf Praktiken der unerlaubten Diskriminierung beschränkt. Es handelt sich um eine allgemeine kognitive Strategie der Erkenntnisgewinnung und der Ausbildung rationaler Erwartungen, die sich auf alles erstreckt, was Gegenstand empirischer Erkenntnis und Voraussicht werden kann. Wir ‚schließen' von dem, was wir über eine Sache wissen – oder leicht über sie herausfinden können –, auf das, was wir noch nicht wissen, aber vermuten können, indem wir Erwartungen entwickeln und Prognosen aufstellen. *Profiling* ist auch in der moralischen Urteilsbildung allgegenwärtig: Wir halten jemanden für gerecht, von dem wir gerechte Urteile und Handlungen erwarten, und eben diese Erwartung erscheint gerechtfertigt, wenn jemand schon früher erkennbar gerecht geurteilt und gehandelt hat.

Die Rationalität des *Profilings* wird häufig als zweifelhaft angesehen, wenn es Prognosen über das zukünftige Verhalten von Personen rechtfertigen soll, die an persönliche Merkmale anknüpfen, welche mit den Eigenschaften oder Verhaltensweisen, auf die das *Profiling* zielt, nicht direkt kausal verbunden sind. Hautfarbe und Geschlecht sind weder Ursache noch Wirkung von wirtschaftlicher Produktivität und sie mögen deshalb als Kriterien für die Rekrutierung von MitarbeiterInnen *per se* ungeeignet erscheinen. *Don't judge me by my colour, don't judge me by my race!* sind berechtigte Forderungen. Verstanden als prinzipielle Einwände gegen jegliches *Profiling* und jegliche Ungleichbehandlung, beruhen sie jedoch auf einem Missverständnis des Zustandekommens rationaler Erwartungen und der Funktionsweise von Prädiktoren. Im konzeptuellen Rahmen des probabilistischen *Profilings* ist ein guter Prädiktor eine Eigenschaftsvariable, die ein gut greifbares Merkmal wie etwa das Alter oder Geschlecht repräsentiert und deren Wert (alt oder jung, männlich oder weiblich) eine hohe Korrelation mit einer anderen Variablen (etwa Produktivität oder Zuverlässigkeit) aufweist, deren Wert (hoch oder niedrig) sie vorhersagen soll. Ursachen sind natürlich gute Prädiktoren. Wäre die vermeintliche Ursache eines Ereignisses nämlich nicht hoch mit diesem Ereignis korreliert, würden wir sie nicht als dessen Ursache betrachten. Gute Prädiktoren müssen jedoch in keiner direkten kausalen Beziehung zu dem stehen, was sie vorhersagen. So ist beispielsweise seit langem bekannt, dass die Augenbewegung einer Person bei der Fokussierung auf bewegte Objekte (*eye-*

---

untergeordneter Bedeutung, auch wenn das computergestützte *Profiling* natürlich mit numerischen Werten arbeitet.

tracking) ein sehr guter Prädiktor für Schizophrenie ist, obwohl sie keine Ursache oder symptomatische Wirkung dieser Erkrankung darstellt.[12]

Dessen ungeachtet stoßen statistisches und computergestütztes *Profiling* auf berechtigte Vorbehalte. Es können methodische Mängel vorliegen. Nicht selten ist die Datenbasis statistischer Profile unzulänglich, oder es werden falsche Schlussfolgerungen aus den vorhandenen Daten gezogen.[13] Darüber hinaus bestehen Bedenken hinsichtlich der Fairness des *Profilings*. Es liegt auf der Hand, dass nur methodisch einwandfreie Profile mit einer ausreichenden Datenbasis eine Ungleichbehandlung zu rechtfertigen vermögen, die mit ernsthaften Belastungen für die Betroffenen verbunden ist.

Was die Datenbasis betrifft, können Fehler bei der Spezifikation relevanter Daten sowie bei deren Erhebung und Kodierung auftreten und zu verzerrten Wahrscheinlichkeiten führen. Die verfügbaren Daten mögen für gültige Verallgemeinerungen schlicht nicht ausreichen oder Referenzklassen werden aufgrund von Vorurteilen und Fehlannahmen entweder zu eng oder zu weit definiert und führen zu falschen Einschätzungen der Verteilung persönlicher Eigenschaften über verschiedene soziale Gruppen. Schon die Quelle der für das *Profiling* benötigten Daten – menschliches Verhalten – bringt Komplikationen mit sich. Anders als in den Naturwissenschaften haben wir es nicht mit gewissermaßen fixen, von persönlichen Meinungen und Vorlieben unabhängigen Tatsachen zu tun. Die Naturgesetze zeigen sich unbeeindruckt davon, was wir über sie denken und fühlen. Die Gesetzmäßigkeiten des menschlichen Handelns und die Regeln des sozialen Verkehrs dagegen sind zu großen Teilen bestimmt von den Überzeugungen und Einstellungen der Handelnden und von dem, was sie über andere denken. In vielen Fällen befolgen wir Regeln nur deswegen, weil wir – ausdrücklich oder stillschweigend, zu Recht oder zu Unrecht – davon ausgehen, dass andere ebenso handeln. Eine Konsequenz dieser Abhängigkeit des Handelns von Überzeugungen, Einstellungen und Gefühlslagen ist, dass sich in der Datenbasis statistischer Profile sowohl gruppenspezifische Vorurteile als auch schlichte Fehlannahmen darüber, was andere tun und was sie für gut und richtig halten, abbilden. So kommt es zu den von Noble in *Algorithms of Oppression*[14] und von

---

[12] Siehe Philip Holzman et al., „Eye-Tracking Patterns in Schizophrenia", *Science*, 181/4095, 1973, S. 179–181; sowie Kentaro Morita et al., „Eye movement characteristics in schizophrenia. A recent update with clinical implications", *Neuropsychopharmacology*, 40, 2019, S. 2–9. Der allgemeine methodische Punkt wird erörtert in Galit Shmueli, „To Explain or to Predict?", *Statistical Science*, 25, 2010, S. 289–310.

[13] Siehe dazu auch Markschies' Diskussion des Zustandekommens des Datenpools für die Recruitment-Software PRECIRE in diesem Band (S. 18).

[14] Noble a. a. O.

anderen beschriebenen Rückkoppelungsschleifen, die bestehende Vorurteile statistisch zu bestätigen scheinen und auf diese Weise diskriminierende Praktiken und Strukturen bestärken.[15]

Hinzu kommt die menschliche Neigung zu Fehlschlüssen. Vor dem Hintergrund bestehender Vorurteile wird die Häufigkeit unerwünschten Verhaltens in bestimmten sozialen Gruppen oft überschätzt und zudem angenommen, dass die meisten Vorkommnisse des unerwünschten Verhaltens in der Gesellschaft auf Mitglieder dieser Gruppen zurückzuführen seien. Hier sind zwei Fehler im Spiel. Die falsche Häufigkeitsschätzung und ein Fehlschluss. Während die falsche Häufigkeitsschätzung auf einer unzureichenden Datenbasis beruht, ist der Fehlschluss auf eine mangelnde Berücksichtigung der relativen Größe der beteiligten Gruppen zurückzuführen. Es liegt ein sogenannter Basisratenfehler (*base rate fallacy*) vor. Aus „Die meisten Südländer sind Faulenzer" (wie Nordländer geneigt sein mögen zu glauben) folgt nicht, dass die meisten Faulenzer Südländer sind. Es mag immer noch mehr Menschen aus dem Norden geben, auf die dies zutrifft. Und selbst wenn die meisten Faulpelze einer Gesellschaft Südländer wären, würde daraus nicht folgen, dass die meisten Südländer faulenzen; die Fleißigen könnten unter den Südländern dennoch in der Mehrzahl sein.

Eine wichtige Ursache fehlerhafter Profile ist auch die unzureichende Eingrenzung von statistischen Referenzklassen für Wahrscheinlichkeitsaussagen über Individuen. Der Grad der Korrelation zwischen zwei Eigenschaften einer Person, die zu einer Referenzklasse gehören, muss nicht in allen Untergruppen der Klasse gleich sein. Selbst wenn der Wohnsitz eines Bankkunden in einem bestimmten Stadtviertel statistisch gesehen für eine schlechte Bonität sprechen mag, weil es in dem Viertel häufig zu Zahlungsausfällen bei Krediten kommt, gilt dies wahrscheinlich nicht für alle Bewohner des Viertels gleichermaßen. Nehmen wir hypothetisch an, es träfe nicht auf in einem Viertel ansässige Geschäftsfrauen zu, und nehmen wir weiter an, bei ihnen sei die Häufigkeit von Kreditausfällen geringer als durchschnittlich im Viertel. Um zu gültigen individuellen Wahrscheinlichkeitszuschreibungen zu gelangen, müssen wir alle statistisch relevanten Informationen berücksichtigen, die verfügbar sind und nicht nur einige.[16] In unserem konstruierten Beispiel müssen wir uns deshalb an der prozentualen Häufigkeit von Kreditausfällen in der spezifischen Referenzgruppe der Geschäftsfrauen orientieren, und nicht an der Häufigkeit von Ausfällen in der Gruppe aller Kreditnehmer im Viertel. Wir müssen unter den statistisch relevanten

---

[15] Vgl. dazu ausführlicher Ignacio Cofone, „Algorithmic Discrimination is an Information Problem", *Hasting Law Journal*, 70, 2019, S. 1389–1444 und die dort angegebene Literatur.
[16] Dies ist der Inhalt von Carnaps Prinzip der totalen Evidenz (*Logical Foundations of Probability*, Leipzig 1950, S. 211).

Gruppen die maximal spezifische Referenzgruppe von Personen auszuwählen zu der ein Individuum gehört, um zu verlässlichen Prognosen über das zukünftige Verhalten von Einzelpersonen zu gelangen.[17]

VI Fairness der Einzelperson gegenüber

Nicht nur methodisch fehlerhafte, sondern auch statistisch solide Profile, die verlässliche Prognosen über nicht-manifeste Eigenschaften und Verhaltensweisen von Personen erlauben, werfen Fragen der Fairness auf. In einem gewissen Maße identifizieren statistische Profile aufgrund ihres probabilistischen Charakters zugleich stets zu wenige und zu viele Personen. Es besteht sowohl ein Problem der Untererfassung als auch der Übererfassung: Immer gibt es einige Personen mit den Eigenschaften oder Verhaltensmustern, die das Profil vorhersagen soll, die unentdeckt bleiben, weil die Kriterien (Merkmale) des Profils nicht auf sie zutreffen. Dies sind die sogenannten *false negatives*. Und immer gibt es andere, die zwar die Kriterien des Profils erfüllen und den Profilmerkmale entsprechen, auf die jedoch die profilgestützten Prognosen nicht zutreffen. Dies sind die sogenannten *false positives*. Profile mit zu vielen *false negatives* sind ineffizient, wenn alternative Profile mit einer besseren Trefferquote zur Verfügung stehen und deshalb mehr gesuchte Personen als nötig unentdeckt bleiben. Profile mit niedriger Trefferquote sind jedoch nicht nur ineffizient. Sie sind auch unter dem Gesichtspunkt prozeduraler Fairness problematisch. Durch sie werden korrekt identifizierte Personen mit den prognostizierten Eigenschaften schlechter behandelt als Personen mit denselben Eigenschaften, die jedoch unerkannt bleiben, weil sie nicht den Merkmalen des Profils entsprechen. Diejenigen, die korrekt identifiziert wurden und denen daraus Nachteile erwachsen, werden aufgrund der Untererfassung anders behandelt als diejenigen, die unentdeckt bleiben, obwohl sie in relevanter Weise gleiche Fälle darstellen. Die Kriterien des Profils werden zwar *ex ante* auf alle Personen im Anwendungsbereich des Profils gleich angewendet, und die Forderung der formalen Gerechtigkeit, gleiche Fälle gleich zu behandeln, erscheint insoweit erfüllt. Im Ergebnis führt das Profil jedoch *ex post* zu einer ungleichen Behandlung von Personen mit derselben gesuchten Eigenschaft – von Personen also die insofern in relevanter Hinsicht gleiche Fälle darstellen. Es werden aber nur diejenigen identifiziert und nachteilig behandelt werden, die den Merkmalen des Profils entsprechen. Statistische Profile erfüllen

---

[17] Zur Forderung maximal spezifischer Referenzklassen vgl. Carl Hempel, *Aspects of Scientific Explanation and Other Essays*, New York 1965, Kap. 3 und 4.

ex post die Bedingung formaler Gerechtigkeit unvermeidlich nicht in allen Anwendungsfällen und müssen aus diesem Grund moralisch problematisch erscheinen.

Da unser Wissen über die Welt und andere Menschen niemals vollkommen ist und die Dinge *ex post* stets anders liegen mögen als *ex ante* erwartet, bleibt uns freilich nichts anderes übrig als so zu handeln, wie wir es *ex ante* für gut und richtig halten. Wir können vernünftigerweise keine perfekte Übereinstimmung erwarten von dem, was uns *ex ante*, und dem, was uns *ex post* als angemessene Gleichbehandlung erscheint. Trotzdem bleibt eine problematische Spannung zwischen der *Ex-ante-* und der *Ex-post*-Perspektive bestehen, und es ist nicht zu sehen, wie sie sich auf eine prinzipiengeleitete Weise eindeutig auflösen ließe. Statistisches *Profiling* muss deshalb als ein Fall der unvollkommenen Verfahrensgerechtigkeit betrachtet werden, bei der ungerechte Ergebnisse im Einzelfall nicht ausgeschlossen sind. Entscheidend ist dann die mutmaßliche Trefferquote eines Profils. Ein Profil, das die meisten Personen mit der gesuchten Eigenschaft identifiziert, erscheint weniger problematisch als ein Profil, das uns nur wenige von ihnen entdecken lässt; und nur Profile mit einer hinreichend hohen Trefferquote und vergleichsweise wenigen *false negatives* können als prozedural fair angesehen werden.[18]

Wenden wir uns nun dem Problem der Übererfassung, also den *false positives* zu. Es mag ungerecht erscheinen, jemandem nur deshalb einen Nachteil zuzumuten, weil er zu einer Gruppe von Personen mit einem bestimmten Persönlichkeitsprofil gehört, obwohl bekannt ist, dass das Profil in Einzelfällen zu falschen Prognosen führt. Kann *Profiling* fair sein, wenn es zwangsläufig einigen Personen unerwünschte Eigenschaften zuschreibt, die sie gar nicht haben, aber in ihrer statistischen Referenzgruppe häufig auftreten? *Don't judge me by my group!* ist eine oft angebrachte Mahnung. Verstanden als ein grundsätzlicher Einwand gegen das *Profiling* führt sie jedoch ebenso in die Irre wie *Don't judge me by my colour!* oder *Don't judge me by my race!* Sie unterstellt eine kategoriale Differenz zwischen verschiedenen Wissensarten, die tatsächlich nicht existiert. Was wir über eine einzelne Person wissen oder zu wissen glauben, beruht niemals allein auf dem, was wir über sie als singuläres Wesen zu einer bestimmten Zeit und an einem bestimmten Ort in Erfahrung bringen können. Unser Wissen über Einzelpersonen und ihre Eigenschaften ist unlösbar mit dem verbunden, was wir über Gruppen von anderen Personen mit ähnlichen Eigenschaften und Verhal-

---

18 Ebenso wie die Vorstellung ‚ernsthafter' und ‚nicht-vernachlässigbarer' Belastungen lässt sich auch die Bedingung einer hinreichend hohen Trefferquote nicht durch Prinzipien eindeutig bestimmen (s. Fn. 7 oben) und lässt einen Spielraum für soziale Aushandlungsprozesse.

tensmustern wissen oder zu wissen glauben. Es beruht auf Informationen über die Eigenschaften von Menschen, die bestimmte Merkmale teilen, und auf Annahmen darüber, welche von diesen Eigenschaften und Merkmalen regelmäßig (mit einer gewissen Wahrscheinlichkeit) zusammen auftreten und welche nicht. Es beruht mit anderen Worten auf Informationen und Annahmen, die statistischer Natur sind. Unser Wissen über eine einzelne Person – und in der Tat jedes Einzelding, das ein Gegenstand empirischer Erkenntnis werden kann – ist ein Wissen über individuelle Kombinationen von allgemeinen Merkmalen und Eigenschaften, die mit einer gewissen Wahrscheinlichkeit zusammen auftreten und die im Zeitverlauf und in wechselnden Situationen eine gewisse Stabilität aufweisen. *Don't judge me by my group!* zieht deshalb *Don't judge me by my past!* nach sich, aber beide Forderungen können keine bedingungslosen Gebote individueller Fairness sein. Sie bieten keine Basis für eine tragfähige öffentliche Moral. Zusammengenommen laufen sie darauf hinaus zu fordern: *Urteile nicht über mich und entwickle keine Erwartungen über mich im Lichte dessen, was ich selbst getan habe und was Menschen, die mir ähnlich sind, tun oder in der Vergangenheit getan haben!* Und dies lässt sich mit der Entwicklung rationaler Erwartungen über Menschen nicht vereinbaren. Wenn eine Person niemals durch eine wie immer komplexe Kombination allgemeiner Merkmale und Eigenschaften angemessen erfasst werden könnte und somit die Redewendung *individuum est ineffabile* wörtlich wahr wäre, wären unsere Vorstellungen von Moral und Gerechtigkeit insgesamt bedeutungslos. Geteilte moralische Standards gäbe es dann nicht. Fairness dem Einzelnen gegenüber kann deshalb lediglich bedeuten, auch auf der Basis eines statistisch wohl fundierten Profils niemanden in für ihn nachteiliger Weise zu behandeln, wenn bekannt ist (oder leicht herausgefunden werden kann), dass die Kriterien des Profils zwar zutreffen, aber für die betreffende Person trotzdem nicht das richtige Ergebnis liefern.

Probabilistisches *Profiling* ist nicht *per se* ungerecht oder moralisch verwerflich, sofern es legitimen Zwecken des Gemeinwohls oder des gerechten Ausgleichs dient und eine solide statistische Grundlage hat. Die beiden Eigenschaften probabilistischer Profile, die Anlass zu Bedenken geben – die fehlerhafte Übererfassung und Untererfassung von Einzelfällen – sind allgemeine Charakteristika empirischer Erkenntnis, die stets probabilistischer Natur ist, und damit auch aller Bewertungen, die an empirische Sachverhalte und Eigenschaftszuschreibungen anknüpfen. Sie geben Anlass für kritische Nachfragen, rechtfertigen aber keine pauschale Verurteilung.

StatistikerInnen bestimmen die Genauigkeit von statistischen Profilen und prädiktiven Algorithmen anhand ihrer *Sensitivität* und *Spezifität*. Die Sensitivität eines Profils misst, wie gut es *true positives* identifiziert, sie gibt die Trefferquote eines Profils an. Die Spezifität misst, wie gut das Profil darin ist, *false positives* zu vermeiden. Bei zu geringer Sensitivität eines Profils führt die Untererfassung zu einer prozeduralen Ungerechtigkeit. Personen, die durch das Profil korrekt identifiziert wurden, können sich beschweren, dass sie einem willkürlich diskriminierenden Verfahren unterworfen wurden. Denn sie erfahren nicht die gleiche Behandlung wie die Personen, die ebenfalls dem Profil entsprechen, aber aufgrund der niedrigen Erkennungsrate nicht identifiziert werden. Zu viele *false negatives* stellen die prozedurale Fairness eines Profils in Frage, sie stellen aber keine unfaire Beurteilung des Einzelfalls dar, wenn die betroffenen Personen korrekt identifiziert wurden und tatsächlich die für ihre Beurteilung relevanten Merkmale aufweisen. Ist dagegen die Zahl der *false positives* zu hoch und die Spezifität eines Profils zu gering, lässt dies nicht nur die prozedurale Fairness des Profils fragwürdig erscheinen. Die fälschlich identifizierten Personen werden auch für sich genommen als Einzelne ungerecht behandelt, da sie aufgrund einer prognostizierten Eigenschaft benachteiligt werden, die sie nicht haben.

VII Ergebnis

Unsere Diskussion hat gezeigt, dass gängige Vorstellungen von Diskriminierung aufgrund ihrer Fokussierung auf eine gegebene Liste suspekter Unterscheidungsgründe Schwierigkeiten haben zu erklären, wie man zwischen zulässigen und unzulässigen Praktiken der Ungleichbehandlung von Personen unterscheiden kann. Das herkömmliche Verständnis führt zu einer Kritik und Ablehnung computergestützter *Profiling*-Verfahren, die zugleich zu großzügig und zu sparsam ausfällt. Zu großzügig, weil statistische Algorithmen wie das Allegheny Family Screening Tool, das Virginia Eubanks in *Automated Inequality*[19] diskutiert, mit einer großen Anzahl verschiedener Variablen arbeitet, die zusammen genommen nicht schon deswegen als diskriminierend kritisiert werden können, weil u. a. ethnische Zugehörigkeit und Einkommen zu den Haushaltsmerkmalen gehören, die zur probabilistischen Identifizierung gefährdeter Kinder herangezogen werden. Das herkömmliche Verständnis ist aber auch zu sparsam in seiner Kritik diskriminierender Praktiken, weil Formen unzulässiger Diskriminierung, die nicht mithilfe gut überschaubarer und vorab feststehender Listen suspekter Merkmale erfasst werden, gar nicht erst in den Blick geraten.

Für die moralische Bewertung avancierter und computergestützter *Profiling*-Verfahren ist es nur von untergeordneter Bedeutung, ob sie Variablen verwenden, die suspekte Merkmale von Personen wie Hautfarbe, Geschlecht oder Herkunft

---

19 Eubanks, a. a. O.

repräsentieren. Wenn ein Algorithmus statistisch valide Vorhersagen liefert und einen hinreichend hohen Grad an Sensitivität und Spezifität aufweist, sodass er im Sinne einer unvollkommenen Verfahrensgerechtigkeit als prozedural fair gelten kann, ist die entscheidende Frage, ob die Belastungen, die sich aus ihm für die identifizierten Personen ergeben, nicht verhältnismäßig sind und tatsächlich durch das, was durch das *Profiling* gewonnen wird, aufgewogen werden. Dies ist jedoch kein Problem der prozeduralen Fairness, sondern eine Frage der gerechten Verteilung der aus selektiven sozialen Praktiken resultierenden Vor- und Nachteile, die nur im Rahmen eines umfassenderen Verständnisses distributiver Gerechtigkeit beantwortet werden kann.

Thorsten Schmidt und Silja Vöneky
Adaptive Regulierung von hochriskanter KI – Neue Wege zum Schutz von Rechten und Gemeinwohl

Alle Systeme, Produkte und Dienstleistungen, die Künstliche Intelligenz nutzen oder von ihr gesteuert werden (im Folgenden: KI-Systeme), bergen gewisse Risiken. Da ihre Algorithmen von Menschen programmiert sind, sind wir Menschen auch verantwortlich, wenn sich ein solches Risiko verwirklicht. Die Staaten der internationalen Gemeinschaft müssen also der verantwortungsvollen Steuerung und Regulierung dieser Technologien eine hohe Priorität einräumen. Die Entwicklung neuer KI-Systeme wird in erster Linie durch Unternehmen, also private Akteure, stetig vorangetrieben. Das Ziel eines *Governance*-Systems sollte es sein, deren verantwortungsvollen Innovationen nicht zu behindern, aber dennoch Risiken für das Gemeinwohl so weit wie möglich zu minimieren und Verletzungen individueller Rechte und Werte – insbesondere Grund- und Menschenrechte – zu verhindern.

Unser Beitrag erörtert Kernelemente eines Regulierungssystems für KI-gestützte Hochrisikoprodukte und -dienstleistungen, das die Nachteile sowohl der präventiv wirkenden Genehmigungsmodelle als auch der häufig nach Schadenseintritt greifenden Haftungsmodelle vermeidet. Wir legen dar, dass – ähnlich wie bei der Regulierung im Bankensystem – Risiken verringert werden können, wenn Unternehmen nach Entwicklung und vor Markteinführung von Hochrisiko-KI-Systemen in Ergänzung zu bestehenden Genehmigungs- und Haftungsnormen einen anteiligen Geldbetrag als finanzielle Garantie in einem Fonds hinterlegen müssen. Eine *adaptive* Regulierung, die durch regelmäßige Überprüfung seitens unabhängiger Experten auf dynamische Bedingungen reagieren kann, vermeidet Überregulierung und kann neue Risiken schnell einbeziehen.

Für eine ausführliche Fassung dieses Beitrags siehe unseren Artikel in: Silja Vöneky, Philipp Kellmeyer, Oliver Müller, Wolfram Burgard (Hg.), *The Cambridge Handbook of Responsible AI*, CUP (im Erscheinen). Silja Vöneky dankt für die Förderung als Senior Fellow durch das FRIAS, Universität Freiburg, im Rahmen der interdisziplinären Saltus-Forschungsgruppe *Responsible AI* von 2018–2021 und die Förderung im Rahmen des Projektes AI-Trust durch die Baden-Württemberg-Stiftung (seit 2020). Thorsten Schmidt dankt für die Förderung durch die FRIAS/USIAS Fellowships *Linking Finance and Insurance: Theory and Applications* 2017/2018 und Ernst Eberlein für seine stetige Unterstützung.

OpenAccess. © 2022 Thorsten Schmidt und Silja Vöneky, publiziert von De Gruyter. Dieses Werk ist lizenziert unter einer Creative Commons Namensnennung – Nicht kommerziell – Keine Bearbeitung 4.0 International Lizenz. https://doi.org/10.1515/9783110769975-008

Unser Vorschlag einer fondsbasierten *adaptiven* Regulierung ist mit verschiedenen Rechtssystemen und Verfassungen konform. Er kann daher auch als Grundlage für einen internationalen Vertrag oder eine *Soft-law*-Deklaration dienen. Die EU-Kommission hat im Jahr 2021 einen Vorschlag für eine risikobasierte KI-Regulierung vorgelegt.[1] Unser Ansatz ist auch mit diesem Vorschlag vereinbar und darüber hinaus geeignet, noch bestehende Lücken zu schließen und erkennbare Schwächen auszugleichen.

I Die Problemlage

Der Begriff der KI wird im Folgenden weit gefasst. Er erfasst die jüngsten KI-Systeme, die auf komplexen statistischen Modellen der Welt und der Methode des *machine learning* beruhen; er umfasst aber auch Systeme der klassischen KI, die auf Software beruht, denen grundlegende physikalische Konzepte einprogrammiert sind (*preprogrammed reasoning*).[2] KI kann in ihren unterschiedlichen Ausprägungen bereits heute für viele Zwecke genutzt werden (als *general-purpose* bzw. *multi-purpose tool*) und ist ein sich schnell entwickelndes Schlüsselelement neu entstehender, disruptiver Technologien. Ein Beispiel ist die Verbindung zur biologischen Forschung mittels eines KI-gesteuerten, selbstlernenden Programms, mit dessen Hilfe 3D-Formen von Proteinen bestimmt werden können.[3] Darüber hinaus gibt es Anwendungen von KI-Produkten und KI-gestützten Dienstleistungen auch im Finanzwesen sowie bei (halb-)autonomen Fahrzeugen, Schiffen, Flugzeugen, Drohnen etc. KI-basierte Produkte und Dienstleistungen prägen heute schon die unterschiedlichsten Bereiche, von der Kunst bis zur Waffenentwicklung.

Es liegt auf der Hand, dass neue Risiken, die sich aus der Nutzung dieser Produkte und Dienstleistungen ergeben, für die Gesellschaft einzuhegen und zu minimieren sind, ohne die Chancen und Vorteile der Anwendungen zu verringern.

---

1 Vorschlag für eine Verordnung des Europäischen Parlamentes und des Rates zur Festlegung harmonisierter Vorschriften für Künstliche Intelligenz (Gesetz über Künstliche Intelligenz) und zur Änderung bestimmter Rechtsakte der Union (im Folgenden: EU-KI-VO) vom 21.04.2021, COM(2021)206 final.
2 Vgl. zu diesem Ansatz jüngst Jakob Suchan, Mehul Bhatt, Srikrishna Varadarajan, „Commonsense Visual Sensemaking for Autonomous Driving: On Generalised Neurosymbolic Online Abduction Integrating Vision and Semantics", *Artificial Intelligence Journal*, 299, 2021, https://doi.org/10.1016/j.artint.2021.103522.
3 Vgl. Ewen Callaway, „It will change everything: DeepMind's AI makes gigantic leap in solving protein structures", *Nature*, 588, 2020, S. 203, https://www.nature.com/articles/d41586-020-03348-4.

Risiken können dabei durch externe Akteure verursacht werden, die KI-gesteuerte Technologie missbrauchen.[4] Schäden können aber auch durch die Unvorhersehbarkeit nachteiliger Auswirkungen entstehen (*off-target effects*),[5] selbst wenn das KI-gesteuerte System zu seinem ursprünglichen Zweck eingesetzt wird. Sie können zudem auf Fehlfunktionen, falschen oder unklaren Eingabedaten, fehlerhafter Programmierung usw. beruhen.

In einigen Bereichen wird KI zudem systemische Risiken verstärken oder neue schaffen. Bei Finanzanwendungen etwa kann selbstlernende KI als hocheffizientes Instrument in immer größerem Umfang eingesetzt werden, jedoch in Ungewissheit darüber, wie das System in einem unvorhergesehenen Szenario reagiert. Die Einführung neuer oder die Verbesserung bestehender Algorithmen verstärkt also bereits existierende Risiken; gleichzeitig können KI-Systeme das Potential haben, sogar das gesamte Finanzsystem zu destabilisieren,[6] was zu dramatischen Wertverlusten führen kann.

Wir sollten auch die Risiken nicht ausblenden, die daraus folgen, dass selbstlernende KI-Systeme ohne menschliche Interaktion neue, verbesserte KI-Systeme schaffen könnten, die wiederum neue Systeme schaffen usw., bis eine übermenschliche KI entsteht – die sogenannte *Singularität*.[7] Sie könnte – jedenfalls nach Ansicht mancher – ein globales und womöglich existenzielles Risiko für die Menschheit darstellen. Auch wenn einige Experten dies als irreales (und daher irrelevantes) Szenario betrachten, prognostizierten andere, dass eine KI mit übermenschlicher Intelligenz bereits bis 2050 Wirklichkeit wird.[8] Es könnte zudem einen Punkt geben, ab dem keine zuverlässigen Vorhersagen mehr möglich sind und Risiken sich schneller als erwartet oder auf unerwartete Weise reali-

---

4 Miles Brundage et al., „The Malicious Use of Artificial Intelligence", 2018, S. 17 f., https://maliciousaireport.com/, aufgerufen am 09.02.2022.
5 Zu diesem Begriff im Bereich der Biotechnologie vgl. Xiao-Hui Zhang, Louis Y Tee, Xiao-Gang Wang et al., „Off-target Effects in CRISPR/Cas9-mediated Genome Engineering", *Molecular Therapy – Nucleic Acids*, 2015, S. 4, e264.
6 Jón Danielsson, Robert Macrae, Andreas Uthemann, „Artificial intelligence and systemic risk", *Systemic Risk Centre*, 24.10.2019, https://www.systemicrisk.ac.uk/publications/special-papers/artificial-intelligence-and-systemic-risk, aufgerufen am 09.02.2022.
7 Siehe Yann LeCun, Yoshua Bengio, Geoffrey Hinton, „Deep Learning", *Nature*, 521, 2015, S. 436 ff. Zur „Singularität": Vernor Vinge, „The Coming Technological Singularity: How to Survive in the Post-Human Era", in: Geoffrey A. Landis (Hg.), *Vision-21: Interdisciplinary Science and Engineering in the Era of Cyberspace*, 11, 1993, S. 12.
8 Siehe bspw. Ray Kurzweil, *The Singularity is Near*, 2005, S. 127.

sieren.⁹ Eine übermenschliche KI begründet ein Szenario mit (höchst) geringer Eintrittswahrscheinlichkeit, aber mit potentiell katastrophalen Folgen.¹⁰

Im Zusammenhang mit *Governance-* und Regulierungsfragen müssen wir unterscheiden: zwischen rechtlich verbindlichen Regeln (im Völkerrecht also Vertrags- und Gewohnheitsrecht sowie allgemeine Rechtsgrundsätze) und nicht verbindlichem *soft law* und Kodizes (letztere als private Rechtsetzung). Nur erstere sind unmittelbar verbindliches Recht im engen Sinne. Unter dem Begriff internationales *soft law* werden Normen verstanden, die keiner Rechtsquelle des Völkerrechts nach Art. 38 IGH-Statut zuzuordnen und daher nicht unmittelbar rechtsverbindlich sind, aber von Völkerrechtssubjekten (d. h. Staaten oder internationalen Organisationen) vereinbart werden, die grundsätzlich auch Völkerrecht setzen könnten.¹¹ Vom staatlich gesetzten *hard* und *soft law* zu unterscheiden ist zudem die (private) Normsetzung, die ein Element der Selbstregulierung privater Akteure ist. Die genannten Normen werden zusammen vom weiten Begriff der *Governance* umfasst. *Regulierung* wird hingegen eng verstanden und umfasst nur die staatliche Normsetzung.

Auch der Begriff des *Risikos* soll für die Antwort auf die Frage nach einer neuen adaptiven Regulierung geklärt werden. Es gibt im Völkerrecht kein allgemein anerkanntes Verständnis des Begriffs. In unserem Beitrag stützen wir uns auf die folgende Definition: Risiko ist ein unerwünschtes Ereignis, das eintreten kann oder nicht,¹² d. h. ein unerwünschtes hypothetisches zukünftiges Ereignis. Dieser Risikobegriff schließt hier Szenarien der Unsicherheit (*uncertainty*) mit ein,¹³ also Szenarien, in denen keine Wahrscheinlichkeiten für den Schadenseintritt bestimmt werden können. Bezogen auf KI-Systeme verstehen wir unter Hochrisikoprodukten und -dienstleistungen (*high-risk products and services*) dann solche, die das Potenzial haben, große Schäden an rechtlich geschützten Individualgütern und -rechten, wie Leben und körperliche Unversehrtheit, oder All-

---

9 Wie in Eliezer Yudkowsky, „There's no fire alarm for artificial general intelligence", *Machine Intelligence Research Institute*, 13.10.2017, https://intelligence.org/2017/10/13/fire-alarm/.
10 Siehe bereits Silja Vöneky, „Human Rights and Legitimate Governance of Existential and Global Catastrophic Risks", in: Silja Vöneky, Gerald L. Neuman (Hg.), *Human Rights, Democracy and Legitimacy in a World of Disorder*, 2018, S. 150.
11 Für eine ähnliche Definition siehe Daniel Thürer, „Soft Law", in: Rüdiger Wolfrum (Hg.), *Max Planck Encyclopedia of Public International Law*, Vol. 9, 2012, S. 271, Rn. 8.
12 Siehe z. B. Alexander J. McNeil, Rüdiger Frey, Paul Embrechts, *Quantitative risk management: concepts, techniques and tools-revised edition*, Princeton 2015.
13 Dagegen vertreten andere AutorInnen einen engeren Risikobegriff, der Situationen der Unsicherheit gerade nicht umfasst (*uncertainty not as a risk*), vgl. Cass R. Sunstein, *Risk and Reason: Safety, Law and the Environment*, 2002, S. 129; Richard A. Posner, *Catastrophe. Risk and Response*, Oxford 2004, S. 171.

gemeingütern, wie der Umwelt oder der finanziellen Stabilität eines Staates, zu verursachen.[14] Welche spezifischen KI-Systeme solche Hochrisikosysteme darstellen, ist jedoch umstritten. Die EU-Kommission hat 2021 dazu in ihrem Entwurf der KI-Verordnung (EU-KI-VO) einen Vorschlag vorgelegt.[15] Nach Annex III EU-KI-VO gelten als KI-Hochrisikosysteme insbesondere auch menschenrechtsrelevante KI-Systeme, die biometrische Echtzeit-Fernidentifizierung erlauben, KI-Systeme zur Einstellung oder Auswahl natürlicher Personen, KI-Systeme, die Kreditwürdigkeitsprüfungen übernehmen sollen und KI-Systeme, die als Lügendetektoren verwendet werden sollen. Weiterhin sind versorgungsrelevante KI-Systeme zu nennen, die im Bereich der Verwaltung und des Betriebs kritischer Infrastruktur eingesetzt werden, sowie rechtsstaatsrelevante KI-Systeme, die Justizbehörden bei der Ermittlung von Sachverhalten und Auslegung und Rechtsvorschriften unterstützen sollen.

Als KI-Hochrisikoprodukte könnten *prima facie* jedoch auch bestimmte KI-gesteuerte medizinische Produkte gelten, wie Gehirn-Computer-Schnittstellen (BCIs) oder Finanzhandelssysteme. Es fallen darunter zudem autonome Waffen, die allerdings aus ethischer und rechtlicher Sicht, und damit auch aus Regulierungsperspektive, einen absoluten Sonderfall darstellen.[16] Einen weiteren Sonderfall, sollten sie in Zukunft entwickelt werden, würden KI-Produkte darstellen, die KI-Systeme mit übermenschlicher Intelligenz beinhalten.

II Defizite bisheriger Regulierungsansätze

Zur Beantwortung drängender *Governance*-Fragen im Zusammenhang mit KI-gesteuerten Hochrisikoprodukten und -dienstleistungen soll hier ein neuer Ansatz vorgestellt werden. Er ist geeignet, die in verschiedenen Staaten bereits eingesetzten Regulierungsmodelle zu ergänzen, da er weder ein bestimmtes Rechtssystem noch einen bestimmten verfassungsrechtlichen Rahmen voraussetzt.

Im Folgenden sollen kurz die wichtigsten Charakteristika bereits existierender Regulierungsansätze beschrieben werden. Die Regulierung von Hochrisikotechnologien beruht in einigen Staaten vorrangig auf einem präventiven Ansatz, in dem Genehmigungen oder entsprechende Verfahren für neue Produkte und

---

14 Vgl. EP, „Legislative Entschließung des EP vom 20.10.2020 mit Empfehlungen an die Kommission zu dem Rahmen für die ethischen Aspekte von Künstlicher Intelligenz, Robotik und damit zusammenhängenden Technologien" (2020/2021(INL)), Rn. 14, für eine Liste von Produkten, die vom Europäischen Parlament (EP) als risikoreiche KI-Produkte eingestuft wurden.
15 Siehe oben Fn. 1.
16 Diese werden auch nicht von dem EU-KI-VO-Entwurf erfasst, vgl. Art. 2 Abs. 3 EU-KI-VO.

Technologien gesetzlich bestimmt sind. Diese beziehen dabei zum Teil das eher risikoaverse Vorsorgeprinzip (*precautionary principle*) ein, wie es im EU-Recht und in Teilen des Völkerrechts zum Schutz der Umwelt verankert ist.[17] Andere Staaten, wie z. B. die USA, vermeiden dagegen in vielen Bereichen Genehmigungsverfahren insgesamt bzw. verzichten auf deren strikte Implementierung. Stattdessen greifen sie primär auf Haftungsregeln zurück, die Verbrauchern oder anderen geschädigten Akteuren die Möglichkeit geben, ein Unternehmen auf Schadensersatz zu verklagen.

Beide Regulierungsansätze – Genehmigungsverfahren und Haftungsregeln – weisen jedoch grundsätzliche Defizite auf, selbst wenn sie miteinander kombiniert werden: *Einerseits* ist die Einhaltung der relevanten Standards bei präventiven Genehmigungsverfahren oft schwer durchzusetzen und kann – gerade im Bereich einer neuen Technologie und einem Wissensvorsprung der Hersteller und Entwickler – leicht umgangen werden.[18] *Andererseits* ist unklar, inwieweit Haftungsregeln, die es Geschädigten ermöglichen, Schadensersatz zu fordern, Unternehmen davon abhalten, unsichere Produkte oder Dienstleistungen anzubieten.[19] Unternehmen neigen dazu, das Risiko, in der *Zukunft* verklagt zu werden, gering zu gewichten, wenn durch den Einsatz und Verkauf risikoreicher Technologien und Produkte in der *Gegenwart* hohe Gewinne erzielt werden können.

Betrachtet man die bestehenden Regulierungen und Regulierungsansätze für KI-gesteuerte Produkte und solche Dienstleistungen genauer, werden konkrete Defizite auf nationaler, supranationaler und internationaler Ebene deutlich.

---

17 Siehe zum Vorsorgeprinzip als Teil des EU-Rechts Art. 191 Abs. 2 Vertrag über die Arbeitsweise der Europäischen Union, ABl. 2016 C 202, 47, sowie die Europäische Kommission, *Mitteilung der Kommission. Die Anwendbarkeit des Vorsorgeprinzips*, COM(2000) 1 final. Das Vorsorgeprinzip wurde im Völkerrecht zunächst in Grundsatz 15 der Rio-Erklärung niedergelegt, siehe „Rio Declaration on Environment and Development", 14.06.1992, UN Doc. A/CONF. 151/26/Rev. 1 Vol. I, S. 3. In der Philosophie wurde dieser Grundsatz jüngst eingehend analysiert und verteidigt, vgl. Daniel Steel, *Philosophy and the Precautionary Principle – Science, Evidence, and Environmental Policy*, 2014.
18 Dies hat sich in den letzten Jahren in Bereichen gezeigt, die neue Technologien umfassen, wie bspw. bei den Vorfällen hinsichtlich der Zulassung der Boeing 737 MAX, vgl. Sgobba, „B-737 MAX and the crash of the regulatory system", *Journal of Space Safety Engineering*, 6/4, 2019, S. 299.
19 Vgl. zu den Nachteilen des US-Haftungsansatzes auch Matthew U. Scherer, „Regulating Artificial Intelligence", *Harvard Journal of Law & Technology*, 29, 2016, S. 353, 388, 391.

Medizinprodukte

Die Verordnung der EU über Medizinprodukte (MDR[20]), die in geänderter Fassung 2021[21] in Kraft getreten ist, regelt für den medizinischen Bereich bestimmte KI-gesteuerte Apps und andere Produkte, etwa in der Neurotechnologie (z. B. *brain-computer interfaces*). Sie sieht für bestimmte Hochrisikoprodukte der Klasse III ein sogenanntes Prüfverfahren[22] vor, ein *Konsultationsverfahren* vor der Marktzulassung. Die MDR normiert heute auch KI-gesteuerte Medizinprodukte zur Hirnstimulation. Sie fallen selbst dann unter die MDR, wenn *keine* medizinische Zweckbestimmung vorliegt (Anhang XVI, Nr. 6). Es ist ein Nachteil, dass die MDR – anders als Vorschriften zur Entwicklung von Medikamenten und Impfstoffen in der EU – kein *Genehmigungsverfahren* zur Gewährleistung von Sicherheitsstandards vorsieht. Das Konsultationsverfahren basiert lediglich auf den technischen Angaben der Hersteller, ohne Vorgaben für Studien am Menschen. Betrachtet man die Risiken, die durch KI-basierte *brain-computer interfaces* für Menschen und ihre Gesundheit und körperliche Unversehrtheit entstehen können, ist unklar, warum dieser Regelungsunterschied besteht. Dies ist ein Beispiel für einen Regulierungsansatz, der für ein hochriskantes KI-Produkt keine hinreichenden Standards vorgibt. Auf internationaler Ebene fehlt eine Regelung der Neurotechnologie ganz.[23]

Autonome Fahrzeuge

Ein zweites Beispiel für eine sektorspezifische Regulierung für KI-gesteuerte Produkte, die bereits in Kraft ist und deutliche Nachteile aufweist, sind die Normen zu semi-autonomen Fahrzeugen. In Deutschland wurde das entsprechende

---

20 Verordnung (EU) 2017/745 des Europäischen Parlaments und des Rates vom 05.05.2017 über Medizinprodukte, zur Änderung der Richtlinie 2001/83/EG, der Verordnung (EG) Nr. 178/2002 und der Verordnung (EG) Nr. 1223/2009 und zur Aufhebung der Richtlinien 90/385/EWG und 93/42/EWG des Rates, ABl. 2017 L 117, 1. Zudem werden KI-basierte Medizinprodukte unter die neue EU-KI-VO (s. o. Fn. 1) fallen, vgl. Art. 6 Abs. 11 i. V. m. Annex II (11) und Verordnung (EU) 2017/745.
21 Vgl. Verordnung (EU) 2020/561 des Europäischen Parlaments und des Rates vom 23.04.2020 zur Änderung der Verordnung (EU) 2017/745 über Medizinprodukte hinsichtlich des Geltungsbeginns einiger ihrer Bestimmungen.
22 Vgl. Art. 54, 55 und Art. 106 Abs. 3, Annex IX Abschnitt 5.1, Annex X Abschnitt 6 MDR.
23 Auch die von der OECD ausgearbeiteten *AI Recommendations* (siehe unten Fn. 29) regeln Neurotechnologie nicht, vgl. hierzu im Detail Silja Vöneky, „Key Elements of Responsible Artificial Intelligence – Disruptive Technologies, Dynamic Law", *Ordnung der Wissenschaft*, 9, 2020, S. 17 f.

nationale Gesetz bereits 2017[24] geändert, um neue KI-basierte Fahrzeuge einzubeziehen.[25] Der Gesetzgebungsprozess wurde abgeschlossen, bevor eine zuständige Bundesethikkommission ihren Bericht veröffentlicht hatte.[26] Der relevante § 1a Abs. 1 StVG besagt, dass der Betrieb eines Kraftfahrzeugs mit einer hoch- oder vollautomatisierten (aber nicht autonomen) Fahrfunktion zulässig ist, sofern die Funktion *bestimmungsgemäß* genutzt wird. Es ist bemerkenswert, dass die Bedeutung des Ausdrucks „bestimmungsgemäß" nicht durch das Gesetz selbst oder eine Rechtsverordnung definiert wird, sondern von den Automobilunternehmen jeweils eigenständig (und unterschiedlich) bestimmt werden kann.[27] Damit ist § 1a Abs. 1 StVG ein Verweis auf private Normsetzung durch Unternehmen, die KI-gesteuerte Autos herstellen und verkaufen. Wie die oben genannte MDR, allerdings hier auf nationaler Ebene, ist dies ein Beispiel für einen Regulierungsansatz, der keine hinreichenden Standards und bzw. oder Verfahren für hochriskante KI-Produkte vorgibt.

Völkerrecht und *soft law*

Es gibt bisher auch keinen internationalen Vertrag, der es zum Gegenstand hätte, KI-Systeme zu regulieren. Ein solcher wird auch nicht verhandelt – zu unterschiedlich scheinen bisher die Interessen der einzelnen Staaten, die ihre eigenen Unternehmen und Sicherheitsbelange im Blick haben. Diese Ausgangslage unterscheidet sich von der bestehenden Regulierung im Bereich der Biotechnologie, einer vergleichbar innovativen und potentiell disruptiven Technologie. Sie ist völkerrechtlich durch die Biodiversitätskonvention und das Cartagena-Protokoll, das von über 170 Staaten ratifiziert wurde,[28] nahezu universell reguliert. Allerdings fehlen die USA als wichtiger Akteur; sie haben die Verträge nicht ratifiziert. Selbst in eindeutigen Hochrisikobereichen der KI-Entwicklung, wie der Entwick-

---

24 Art. 1 Achtes Gesetz zur Änderung des Straßenverkehrsgesetzes (8. StVGÄndG), BGBl. 2017 I 1648.
25 §§ 1a, 1b und 63 StVG. Für einen Überblick über die wichtigsten Vorschriften für autonome oder automatisierte Fahrzeuge, vgl. Eva-Maria Böning, Hannah Canny, „Easing the brakes on autonomous driving" (FIP 1/2021), http://www.jura.uni-freiburg.de/de/institute/ioeffr2/downloads/online-papers/FIP_2021_01_BoeningCanny_AutonomousDriving_Druck.pdf.
26 Deutschland, Bundesministerium für Verkehr und digitale Infrastruktur, Ethikkommission, *Automated and Connected Driving* (*BMVI*, Juni 2017), https://www.bmvi.de/SharedDocs/EN/publications/report-ethics-commission.html.
27 Böning, Canny, „Easing the brakes on autonomous driving", a. a. O. (Fn. 25).
28 Cartagena-Protokoll über die biologische Sicherheit der Konvention über biologische Vielfalt (verabschiedet 29.01.2000, in Kraft getreten am 11.09.2003) 2226 UTNS 208.

lung und dem Einsatz autonomer Waffen, fehlt es dagegen an einem internationalen Vertrag. Diese Normierungslücke steht im Gegensatz zu anderen Bereichen der Entwicklung hochriskanter Waffen, wie etwa biologischer Waffen, die völkerrechtlich verboten sind.

Es finden sich im Völkerrecht jedoch zumindest *Soft-law*-Normen, die allgemeine Grundsätze für KI-Systeme auf internationaler Ebene niederlegen. So hat die Organisation für wirtschaftliche Zusammenarbeit und Entwicklung (OECD) im Jahr 2019 KI-Empfehlungen ausarbeiten lassen: die *OECD AI Recommendations*.[29]

Darin werden fünf „komplementäre, wertebasierte Prinzipien" genannt: inklusives Wachstum, nachhaltige Entwicklung und Lebensqualität (1), menschenzentrierte Werte und Fairness (2), Transparenz und Erklärbarkeit (3), Robustheit und Sicherheit (4) und Rechenschaftspflichten (5). Darüber hinaus sollten KI-Akteure (*AI Actors*) – d.h. diejenigen, die eine aktive Rolle im Lebenszyklus von KI-Systemen spielen – Menschenrechte und demokratische Werte achten.

Diese Prinzipien sind jedoch ausgesprochen vage formuliert. Zu Transparenz und Erklärbarkeit etwa heißt es lediglich:

> [AI Actors] should provide meaningful information, appropriate to the context, and consistent with the state of art: [...] to enable those adversely affected by an AI system to challenge its outcome based on plain and easy-to-understand information on the factors, and the logic that served as the basis for the prediction, recommendation or decision.[30]

Bei Fragen der Diskriminierung und der ungerechtfertigten *biases*, die zu den Hauptproblemen von KI-Systemen gehören, wird ein „Risikomanagement-Ansatz" als Lösung niedergelegt.[31] Dies kann aber als Standard für die Sorgfaltspflicht von KI-Akteuren nicht ausreichend sein, wenn man bedenkt, dass ungerechtfertigte Diskriminierungen ein Hauptproblem von KI-Systemen sind. Auch gehen die Empfehlungen nicht auf eine Haftung (*liability*) von Unternehmen oder deren rechtliche Verantwortung ein; es heißt lediglich, KI-Akteure „sollten rechen-

---

[29] OECD, *Recommendation of the Council on Artificial Intelligence*, OECD/LEGAL/0449, beschlossen am 22.05.2019, https://legalinstruments.oecd.org/en/instruments/OECD-LEGAL-0449.
[30] OECD AI Recommendations (a. a. O., Fn. 29).
[31] Vgl. IV. 1.4 (c) OECD AI Recommendations (a. a. O., Fn. 29): „AI actors should, based on their roles, the context, and their ability to act, apply a *systematic risk management approach* to each phase of the AI system lifecycle on a continuous basis to address risks related to AI systems, including privacy, digital security, safety and bias."

schaftspflichtig sein".[32] Es folgen aber keine rechtlichen Verpflichtungen zur Erfüllung dieser Standards und keine Haftungspflichten.

Schließlich wird erstaunlicherweise nicht die *Verantwortung* der *Staaten* für den Schutz der Menschenrechte im Bereich der KI betont: die OECD zählt lediglich fünf Empfehlungen für die politischen Entscheidungsträger auf (Abschnitt 2), die in der nationalen Politik und der internationalen Zusammenarbeit im Einklang mit den oben genannten Grundsätzen umgesetzt werden sollen. Dazu gehören Investitionen in KI-Forschung und -Entwicklung, die Förderung eines digitalen Ökosystems für KI, die Gestaltung und Ermöglichung eines politischen Umfelds für KI, der Aufbau personeller Kapazitäten und die Vorbereitung auf die Transformation des Arbeitsmarktes sowie die internationale Zusammenarbeit für vertrauenswürdige KI. Selbst wenn man sich auf die OECD-Empfehlungen zur KI bezieht, bleibt somit unklar, welche staatlichen Verpflichtungen sich aus den Menschenrechten in Bezug auf KI-*Governance* ergeben.

Neue KI-Regulierung der Europäischen Union

Im Unterschied zu diesen *Soft-law*-Empfehlungen der OECD auf internationaler Ebene stellt für die EU-Mitgliedstaaten der oben genannte Entwurf, der harmonisierte Vorschriften für KI festlegen soll, eine erste umfassende Regulierung von Hochrisiko-KI-Systemen in Aussicht. Der Entwurf sieht Kriterien für die Konstruktion und die Entwicklung solcher Systeme vor, ohne sich auf bestimmte Bereiche zu beschränken. Dabei wird ein risikobasierter präventiver Regulierungsansatz verfolgt.[33] Darüber hinaus richtet sich die Verordnung an alle Anbieter, die „KI-Systeme in der Union in den Verkehr bringen oder in Betrieb nehmen", sowie an alle Nutzer von KI-Systemen, die sich in der Union befinden.[34] Welche Arten von KI-Systemen hochriskant sind, wird ebenfalls festgelegt.[35]

Die EU-KI-VO berücksichtigt negative Auswirkungen des Einsatzes von KI-Systemen auf den Menschenrechtsschutz. Sie nennt dabei zentrale Werte und

---

32 „AI actors should be accountable for the proper functioning of AI systems and for the respect of the above principles, based on their roles, the context, and consistent with the state of art." OECD AI Recommendations (a. a. O., Fn. 29).
33 Der Begriff des KI-Systems wird dabei weit verstanden, vgl. Art. 3 Abs. 1; Anhang I führt hierzu näher aus: „a) Konzepte des maschinellen Lernens, …; b) Logik- und wissensgestützte Konzepte, …; c) Statistische Ansätze, Bayessche Schätz-, Such- und Optimierungsmethoden."
34 Art. 2 Abs. 1 lit. a i. V. m. Art. 3 Abs. 2 EU-KI-VO.
35 Allerdings könnte diese Flexibilität auf Kosten der demokratischen Legitimation gehen, die in derartigen Verfahren kaum noch gewährleistet werden kann.

Rechte wie die Menschenwürde sowie das Recht auf Leben und körperliche Unversehrtheit. Bestimmte Nutzungen von KI-Systemen, insbesondere durch staatliche Behörden, sind gänzlich verboten. Dazu gehört unter anderem der Einsatz von Techniken zur „unterschwelligen Beeinflussung außerhalb des Bewusstseins einer Person", sofern dies mit physischen oder psychischen Schäden verbunden ist.

Das Gleiche gilt, wenn KI-Einsätze Personen schaden, indem sie ihre Schwächen aufgrund von Alter oder Behinderung ausnutzen. Auch der Einsatz eines biometrischen Fernidentifizierungssystems im Rahmen der Strafverfolgung ist grundsätzlich verboten. Die Transparenzpflichten weisen einen deutlichen Menschenrechtsbezug auf. So kann etwa die Transparenzpflicht in Art. 52 EU-KI-VO (hinsichtlich KI-Systemen, die dazu bestimmt sind, mit natürlichen Personen zu interagieren) als Schutz der Autonomie und Menschenwürde verstanden werden. Auch Art. 62 EU-KI-VO nimmt ausdrücklich auf Individualrechte Bezug und bestimmt die Pflicht, „schwerwiegende Vorfälle oder Fehlfunktionen (...) [zu melden], die einen Verstoß gegen die Bestimmungen des Unionsrechts zum Schutz der Grundrechte darstellen".

Über die bereits genannten Verbote und Verpflichtungen hinaus muss jedes Hochrisiko-KI-System weitere spezifische Anforderungen erfüllen:[36] Unter anderem müssen Risikomanagementsysteme eingerichtet und aufrechterhalten werden und Trainingsdatensätze bestimmten Qualitätskriterien entsprechen. Darüber hinaus werden Kriterien für die technische Dokumentation festgelegt; so muss sichergestellt sein, dass die Hochrisiko-KI-Systeme in der Lage sind, Abläufe automatisch aufzuzeichnen, sodass ihr Betrieb „hinreichend transparent" und kontrollierbar abläuft.

Eine weitere Besonderheit ist, dass der Entwurf nicht nur für Entwickler und Anbieter von Hochrisiko-KI-Systemen Pflichten vorsieht, sondern auch für deren Nutzer,[37] zum Beispiel Kreditinstitute. Sie müssen beispielsweise dafür sorgen, dass „die Eingabedaten der Zweckbestimmung des Hochrisiko-KI-Systems entsprechen"; zudem werden Überwachungs- und Protokollpflichten festgelegt (Art. 29 EU-KI-VO).

Der Entwurf sieht keine Haftungsvorschriften vor und ist ein klares Beispiel für einen präventiven Regulierungsansatz.[38] Allerdings sieht er, wie schon die oben genannte MDR, auch kein echtes Genehmigungsverfahren vor, sondern le-

---

[36] Vgl. dazu und im Folgenden Art. 8 – 14 EU-KI-VO und Anhang IV.
[37] Vgl. Art. 16 ff. und 26 ff. EU-KI-VO.
[38] Eine genauere Darstellung findet sich bei Christiane Wendehorst, in Vöneky et al., a. a. O (Fn. 1).

diglich ein Konformitätsbewertungsverfahren, das entweder auf einer internen Kontrolle beruht oder die Einschaltung einer notifizierten Stelle vorsieht.[39]

Letztlich obliegt es jedoch in erster Linie den Anbietern, die vorgesehenen Verpflichtungen zu erfüllen, wie z. B. die Dokumentations- und Beobachtungspflichten nach dem Inverkehrbringen oder die Pflicht zur Registrierung des Systems in der EU-Datenbank.[40] Die Verordnung sieht für eine Implementierung nur Geldbußen „bis zu" einem bestimmten Betrag vor (zwischen 10 000 000 und 30 000 000 EUR) und es ist Sache der Mitgliedstaaten, über die Schwere des Verstoßes zu entscheiden. Darüber hinaus sind die gegen die Organe, Einrichtungen und sonstige Stellen der Union verhängbaren Geldbußen wesentlich niedriger.[41]

Ohne eine überzeugende zusätzliche Regelung der mit Hochrisiko-KI-Systemen zusammenhängenden Schadensersatz- und Haftungsprobleme ist daher unklar, ob die großen Risiken der KI-Systeme durch die neue EU-KI-VO ausreichend gemindert und normativ gerahmt werden können.

Zusammenfassend gibt es *erstens* bei der bisherigen Regulierung von KI-Systemen deutliche Lücken und Defizite; *zweitens* existiert keine kohärente, internationale Regulierung von Hochrisiko-KI bzw. entsprechenden Produkten und Dienstleistungen; *drittens* hat die EU zwar einen risikobasierten Regulierungsvorschlag vorgelegt, dieser ist aber noch nicht in Kraft und weist neben sinnvollen Regelungen auch entscheidende Lücken und Schwachpunkte auf. Außerdem besteht *viertens* auch außerhalb der EU weitgehende Einigkeit, dass zumindest für Hochrisiko-KI-Systeme eine angemessene Regulierung dringend erforderlich ist. Betrachtet man die vielzähligen Bereiche, in denen KI-gesteuerte Systeme eingesetzt werden können, sowie die mit diesen Systemen verbundenen Vorteile und Risiken, überrascht es nicht, dass selbst KI-Hersteller eine Regulierung ihrer Systeme schon seit Jahren fordern.[42]

---

[39] Vgl. dazu und im Folgenden Art. 48 und Anhang V EU-KI-VO und Art. 19 und 43, Anhang VII EU-KI-VO, Art. 30, 33, 34 und 37 EU-KI-VO.
[40] Vgl. Art. 50, 51, 60 und 61 EU-KI-VO.
[41] Bis zu 250 000 EUR bzw. bis zu 500 000 EUR, vgl. Art. 72. Zur Durchsetzung vgl. Art. 63 ff.; zu den Sanktionen Art. 71 EU-KI-VO.
[42] Siehe dazu Sundar Pichai, „Why Google thinks we need to regulate AI", *Financial Times*, 20.01.2020; Eric Mack, „Bill Gates says you should worry about Artificial Intelligence", *Forbes*, 28.01.2015.

III Das Konzept der adaptiven Regulierung

Es ist ein neuer Ansatz zur Regulierung KI-gesteuerter Produkte und Dienstleistungen erforderlich, um die im letzten Abschnitt genannten Defizite zu beheben oder auszugleichen. Unser Vorschlag einer fondbasierten adaptiven Regulierung soll präventive Genehmigungsverfahren ergänzen und gleichzeitig die Lücken haftungsbasierter Regulierung schließen. Das Konzept der adaptiven Regulierung ist global anwendbar und kann im nationalen, supranationalen und internationalen Recht verankert werden. Es zielt auf ein Regulierungssystem, das flexibel und risikosensitiv ist, und bietet den Unternehmen, die KI-gesteuerte Systeme entwickeln und verkaufen, einen Anreiz zur Bewertung und Senkung von Risiken. Der Kern des Vorschlags besteht darin, dass ein Betreiber oder Unternehmen einen anteiligen Geldbetrag (im Folgenden als *regulatorisches Kapital* bezeichnet) als finanzielle Sicherheit für künftige Schäden hinterlegen muss, *bevor* ein KI-basiertes Produkt oder eine KI-basierte Dienstleistung auf den Markt kommt. Um eine Überregulierung zu vermeiden, geht es nur um solche KI-basierten Produkte und Dienstleistungen, die in den Hochrisikobereich fallen. Unser Vorschlag umfasst die folgenden Elemente:

Erstens: Das Risikopotenzial des KI-gesteuerten Systems muss von einer unabhängigen Expertenkommission bewertet werden. Das wird notwendig, wenn ein KI-basiertes System bei einer *Prima-facie-Klassifizierung* in eine Hochrisikokategorie fällt. Mögliche Zukunftsszenarien bilden zusammen mit den verfügbaren Daten über frühere Erfahrungen (mit den bewerteten oder ähnlichen Produkten oder Dienstleistungen) die Grundlage für die Bewertung. Handelt es sich bei dem evaluierten Produkt (oder der Dienstleistung) um etwas völlig Neues, sollte eine der Expertenkommissionen Tests vorschlagen, um neue Daten zu erheben.

Zweitens: Wenn die Expertenkommission zu dem Ergebnis gekommen ist, dass ein KI-System im oben genannten Sinne hochrisikoreich ist und unter den neuen Regulierungsansatz fällt, entwickelt sie Risikoszenarien, in denen die möglichen Verluste und die damit verbundenen Wahrscheinlichkeiten spezifiziert werden.

Drittens legt die Expertenkommission auf Basis ihrer Risikoeinschätzung und der finanziellen Situation des entwickelnden oder produzierenden Unternehmens die Höhe des regulatorischen Kapitals fest. Sie erarbeitet dazu ein Evaluierungssystem, um prospektive Schäden durch den Betrieb des KI-Systems zu messen und zu bewerten. Hierbei geht es nicht um eine Quantifizierung von Menschenrechtsverletzungen, sondern um die Hinterlegung einer finanziellen Sicherheit für ohnehin bereits anderweitig begründete Schadensersatzansprüche.

Die Antwort auf die Frage, ob ein materieller oder immaterieller Schaden vorliegt, ist damit eine des jeweils anwendbaren Schadensrechts und damit unabhängig vom vorliegenden Ansatz.

Viertens ist die Errichtung eines Fonds erforderlich, in den das regulatorische Kapital eingezahlt wird, damit es zur Deckung von Schäden verwendet werden kann. Wenn nach einem angemessenen Zeitraum, z. B. nach fünf bis zehn Jahren, keine Verluste oder Schäden durch das KI-Produkt oder die Dienstleistung verursacht wurden, soll das Kapital an das Unternehmen zurückgezahlt werden.

Fünftens muss das Unternehmen nach der Markteinführung die Leistung und Auswirkungen des KI-Produkts oder der KI-Dienstleistung überwachen, indem es im Rahmen des – oben unter *drittens* genannten – Evaluierungssystems und in einer Überwachungsphase Daten dazu sammelt. Sie dienen als Grundlage für die künftige Risikobewertung durch die Expertenkommission. Insbesondere wenn es sich um ein neues KI-Produkt oder eine neue Dienstleistung handelt und nur wenige Daten verfügbar sind, ist das Evaluierungssystem von entscheidender Bedeutung. Es dient dann nämlich als Datenbasis für künftige Entscheidungen sowohl über die Höhe des regulatorischen Kapitals als auch über die Notwendigkeit einer künftigen Überwachung des Produkts oder der Dienstleistung.

Sechstens: Ein weiteres Element des vorgeschlagenen KI-*Governance*-Systems ist die Aufforderung an Unternehmen, geeignete Testmechanismen zu entwickeln, und zwar transparente Verfahren, die die Sicherheit des KI-gesteuerten Systems gewährleisten. So muss beispielsweise ein selbstfahrendes Fahrzeug eine ausreichende Anzahl von Testfällen bestehen, um sicherzustellen, dass es sich sicher verhalten und einen angemessenen Standard erfüllen wird.[43] Ein solcher Standard sowie der Testmechanismus sollen von der Expertenkommission festgelegt werden und ohne diese dürfte kein Markteintritt möglich sein. Anhand der Daten aus der Überwachungsphase kann die Expertenkommission zudem das KI-Produkt oder die Dienstleistung bewerten. Der Testmechanismus hat weiter den Vorteil, dass er vom Unternehmen selbst zur kontinuierlichen Bewertung verwendet werden kann. Auch kann er die folgend unter *siebtens* erwähnte Reevaluierung unterstützen. Und schließlich kann er der Regulierungsbehörde helfen, automatisierte Testmechanismen auch für die kontinuierliche Überwachung und Bewertung neuer, ähnlicher Technologien bereitzustellen.

Siebtens: Die Expertenkommission muss das KI-gesteuerte Produkt oder die Dienstleistung jährlich neu bewerten. Sie kann im Anschluss, indem sie sich auf neue Informationen stützt und die gesammelten Daten auswertet, ggf. ihre Ent-

---

43 Siehe bspw. Till Menzel, Gerrit Bagschik, Markus Maurer, „Scenarios for development, test and validation of automated vehicles", IEEE Intelligent Vehicles Symposium (IV), 2018.

scheidung über die angemessene Höhe des erforderlichen regulatorischen Kapitals ändern. Das oben erwähnte Evaluierungssystem wird zuverlässige Daten für die relevanten Entscheidungen liefern.

Aus diesem adaptiven Ansatz der KI-Regulierung ergeben sich aus unserer Sicht entscheidende Vorteile: Er vermeidet eine Überregulierung von Hochrisiko-KI-Produkten und -Dienstleistungen, insbesondere in Fällen, in denen die KI-Technologie neu und die damit verbundenen Risiken *ex ante* unklar sind. Regulierungsansätze, die präventive Genehmigungs- oder Konsultationsverfahren vorsehen, könnten dagegen einerseits den Markteintritt solcher Produkte ganz verhindern (wenn Zulassungsschwellen zu hoch gesetzt sind) oder andererseits den Markteintritt eines unsicheren Produkts ermöglichen (wenn die Schwellen zu niedrig gesetzt sind oder umgegangen bzw. nicht implementiert werden). Mögliche Schäden wären dann nicht abgesichert. Mit dem hier vertretenen adaptiven Ansatz wird es dagegen möglich sein, zu gewährleisten, dass ein neues Hochrisiko-KI-Produkt auf den Markt gebracht werden kann, während gleichzeitig sichergestellt ist, dass ausreichend regulatorisches Kapital mögliche zukünftige Schäden abdeckt. Das Kapital wird erst an das Unternehmen zurückgezahlt, wenn sich das Hochrisiko-KI-Produkt oder die Dienstleistung nach einem Bewertungszeitraum als risikoarm erwiesen hat.

Flexibilität

Das Konzept der adaptiven Regulierung ermöglicht es, schnell und flexibel auf neue Entwicklungen in der KI zu reagieren. Da nur die Kernelemente der KI-Regulierung *a priori* rechtlich festgelegt sind und die Einzelheiten von einer Expertenkommission von Fall zu Fall angepasst werden, kann der spezifische Rahmen für ein Hochrisiko-KI-Produkt je nach verfügbaren Informationen geändert werden. Eine regelmäßige Neubewertung des KI-Produkts oder der Dienstleistung gewährleistet, dass neue Informationen berücksichtigt werden können und die Entscheidung auf dem neuesten Stand der Technik beruht.

Offenheit für divergierende Risikoeinschätzung

Unser adaptiver Ansatz ermöglicht es auch, die unterschiedliche Wahrnehmung von Risiken in verschiedenen Gesellschaften und Rechtskulturen zu berücksichtigen. Wenn eine alternde Gesellschaft etwa besonders auf autonome Fahrzeuge angewiesen ist, können höhere Risiken bei diesen in Kauf genommen werden. Ein früher Markteintritt für KI-basierte Produkte ist möglich, sobald ein entsprechendes regulatorische Kapital zur Kompensation prospektiver Schäden in den Fonds eingezahlt wurde.

Universalität und Regionalisierung

Da es sich bei KI-Systemen um eine global einsetzbare Technologie handelt, sollten die Expertenkommission und ihre Entscheidungen auf internationales Recht gestützt sein. Ein internationaler Vertrag, der diesen Ansatz völkerrechtlich verankert, kann Lücken schließen, die durch unzureichende präventive Zulassungsverfahren oder Haftungsnormen entstehen. Die Entscheidungen der Expertenkommission könnten, sobald sie veröffentlicht sind, bei gleichem Risikobewusstsein in den verschiedenen nationalen Rechtsordnungen umgesetzt werden und u. a. als Ergänzung des nationalen Zulassungsverfahrens dienen. Haben verschiedene Staaten unterschiedliche Risikoeinstellungen, kann bei der Umsetzung auf nationaler oder regionaler Ebene ein kultureller *Bias* der Risikoabneigung oder -geneigtheit berücksichtigt werden.

Anpassungen können auch notwendig sein, wenn sich die Risikowahrnehmung der Bevölkerung im Laufe der Zeit ändert und demokratische Gesetzgeber und Regierungen darauf reagieren müssen. Hierzu hatte bereits das Bundesverfassungsgericht festgestellt, dass Hochrisikotechnologien (hier die Atomenergie) wegen der potentiell schweren Schäden bei ihrer Nutzung besonders auf die Akzeptanz der Bevölkerung angewiesen sind: Es betont, dass im Falle einer veränderten Risikowahrnehmung eine Neubewertung durch den nationalen Gesetzgeber auch dann gerechtfertigt sei, wenn keine neuen Tatsachen vorliegen.[44]

Risikoüberwachung

Es ist anzunehmen, dass Unternehmen zunächst von der Sicherheit ihrer Produkte und Dienstleistungen ausgehen, auch wenn diese Meinung möglicherweise nicht von Experten allgemein geteilt wird. Daher ist die Erhebung von Daten über die Leistungsfähigkeit eines KI-basierten Produkts in der realen Welt ein wichtiger Teil des hier vorgestellten Ansatzes. Einerseits können diese Daten dem Unternehmen helfen, nach einem bestimmten Bewertungszeitraum nachzuweisen, dass sein KI-Produkt risikolos oder risikoarm ist, und so zu begründen, dass das regulatorische Kapital reduziert oder zurückgezahlt werden kann. Andererseits

---

[44] BVerfG, Urteil des Ersten Senats vom 06.12.2016 – 1 BvR 2821/11 Rn. 308.

können die gesammelten Daten dazu beitragen, das Produkt zu verbessern, falls es Schäden verursacht, und künftige Probleme bei der Nutzung dieser Technologie zu beheben. Die Daten können auch als Informationsquelle dienen, wenn es darum geht, ähnliche Produkte zu bewerten und ihre Risiken abzuschätzen.

Unabhängigkeit vom Versicherungsmarkt

Das Konzept der adaptiven Regulierung vermeidet schließlich den Rückgriff auf ein privatwirtschaftlich verankertes Versicherungssystem. Ein solcher würde von Angeboten seitens der Versicherungsunternehmen abhängen, auf die möglicherweise nicht genügend Verlass ist. Zudem könnte eine Versicherung für die Entwicklung neuer hochriskanter KI-Produkte und Dienstleistungen nicht praktikabel sein, wenn und weil in diesem Fall nur eine begrenzte Menge an Daten und Erfahrungen zur Verfügung steht.[45] Von Nachteil ist auch, dass eine private Versicherung entlohnt werden müsste. Außerdem könnten im Schadensfall finanzielle Nachteile entstehen, falls die Versicherung das Risiko unterbewertet hätte.

Auf nationaler Ebene gibt es ein Beispiel für einen gescheiterten Versuch, eine disruptive Technologie, in diesem Fall die Biotechnologie, auf der Grundlage einer Versicherungspflicht zu regulieren.[46] Und auch auf internationaler Ebene stellt die Pflicht zum Abschluss einer Versicherung für die Betreiber ein wesentliches Hindernis dar, ein internationales Abkommen zur Haftung für Umweltschäden im Bereich der Antarktis zu ratifizieren.[47]

---

[45] Dies ist das Problem, das im Zusammenhang mit der Pflicht zum Abschluss einer Versicherung für einen Betreiber besteht, der in der Antarktis Umweltkatastrophen verursachen kann, wie es im Annex zum Antarktis-Vertrag festgelegt ist, Annex VI des Umweltschutzprotokolls zum Antarktis-Vertrag über die Haftung bei umweltgefährdenden Notfällen (beschlossen am 14.06.2005, noch nicht in Kraft getreten), vgl. IGP&I Clubs, *Annex VI to the Protocol on Environmental Protection to the Antarctic Treaty: Financial Security*, 2019, https://documents.ats.aq/ATCM42/ip/ATCM42_ip101_e.doc.
[46] Vgl. die hierfür vorgesehene Regelung im dt. Gentechnikgesetz (GenTG), BGBl. 1993 I 2066: Gem. § 36 GenTG sollte die deutsche Bundesregierung die Versicherungspflicht mit Zustimmung des Bundesrates durch eine Rechtsverordnung umsetzen. Eine solche Rechtsverordnung wurde allerdings bis jetzt nicht verabschiedet, vgl. Deutscher Ethikrat, *Biosicherheit – Freiheit und Verantwortung in der Wissenschaft: Stellungnahme*, 2014, S. 264, https://www.ethikrat.org/fileadmin/Publikationen/Stellungnahmen/deutsch/stellungnahme-biosicherheit.pdf.
[47] Siehe Fn. 45.

IV Herausforderungen

Fehlende Mittel?

Ein Einwand gegen den vorgestellten Ansatz könnte sein, dass Unternehmen, die risikoreiche KI-Produkte oder Dienstleistungen entwickeln und auf den Markt bringen, nicht über das nötige Kapital zur Absicherung des Risikos verfügen. Dieses Argument überzeugt jedoch nicht. Man denke an Technologieunternehmen wie Facebook, Google oder Apple, die KI-basierte Produkte entwickeln oder deren Entwicklung an Tochterunternehmen auslagern. Und neugegründete Unternehmen, die KI-Produkte entwickeln, erhalten oftmals Kapital von privaten Investoren. Sie erreichen zwar erst mehrere Jahre nach der Entwicklung und Markteinführung eines Produkts die Gewinnschwelle.[48] Wenn ein Investor jedoch weiß, dass der in den Fonds als Sicherheit einzuzahlende Kapitalbetrag nach einer bestimmten Zeit zurückgezahlt wird, sofern das Produkt keine Schäden verursacht hat, würde die Finanzierung des jungen Unternehmens durch die Einzahlungspflicht nicht notwendigerweise mehr behindert als durch andere Anforderungen, beispielsweise im Rahmen eines Genehmigungsverfahrens. Im Gegenteil könnte die Festlegung regulatorischen Kapitals Investoren einen Anreiz bieten, Risiken zu berücksichtigen, die vom Unternehmen selbst möglicherweise zu niedrig eingeschätzt werden. Für den Fall, dass eine Regierung davon überzeugt ist, die Förderung eines bestimmten KI-Systems sei eine Frage des Gemeinwohls, private Investoren jedoch zögern, zu investieren, kann auch die Regierung das regulatorische Kapital bereitstellen, um die Entwicklung des Systems zu unterstützen.[49]

---

[48] Bspw. hat der Automobilhersteller Tesla, der sich mit der Entwicklung (teil-)autonomer Autos befasst, erst 2020 die Gewinnzone erreicht, vgl. „Tesla Has First Profitable Year but Competition is Growing", *The New York Times*, 27.01.2021, https://www.nytimes.com/2021/01/27/business/tesla-earnings.html.

[49] So wurden z. B. während der Covid-19-Pandemie bestimmte Unternehmen in Deutschland, die Impfstoffe entwickelten, von der Bundesregierung und der EU unterstützt; z. B. hat die Kreditanstalt für Wiederaufbau, eine Förderbank, im Auftrag des Bundes eine Minderheitsbeteiligung an der CureVac AG erworben, vgl. KfW, „KfW acquires minority interest in CureVac AG on behalf of the Federal government", 06.08.2020, https://www.kfw.de/KfW-Group/Newsroom/Latest-News/News-Details_600640.html, aufgerufen am 09.02.2022

Überregulierung?

Ein weiterer Einwand könnte sein, dass Unklarheit darüber, welche KI-Produkte als Hochrisikoprodukte anzusehen sind, zu einer Überregulierung führen könnte. Gegen diesen Einwand spricht jedoch, dass die Kategorie der risikoreichen KI-Produkte, im Diskurs zwischen Expertenkommission und Akteuren wie Unternehmen, EntwicklerInnen, ForscherInnen usw. für das nationale, supranationale oder internationale Recht festgelegt wird.[50] Dabei sollte die Gruppe der KI-gesteuerten Hochrisikoprodukte auf *prima facie* eindeutige Fälle beschränkt werden.

Zu frühe Regulierung?

Ein weiterer Einwand könnte sein, dass eine Regulierung zu früh geschehe, weil Chancen und Risiken in einem frühen Stadium der Entwicklung noch zu ungewiss seien. Gerade dynamische Entwicklungen im Hochrisikobereich zeichnen sich jedoch dadurch aus, dass sinnvolle Regulierung leicht zu spät kommen kann, weil die nötigen Gesetzgebungsprozesse langwierig sind. Der Vorteil *adaptiver* Regulierung ist, dass sie eine flexible, auf den spezifischen Fall und die Risikoentwicklung angepasste Normierung ermöglicht.

Mangelnde Unabhängigkeit von ExpertInnen?

Der Einsatz interdisziplinärer Expertenkommissionen zur Regulierung disruptiver, risikoreicher Produkte ist seit vielen Jahren rechtlich verankert und bewährt. Es ist nicht ersichtlich, warum dies im Fall der KI-Regulierung anders sein sollte. Die Unabhängigkeit der ExpertInnen kann durch Transparenzvorschriften gesichert werden. Zudem verhindert eine plurale Besetzung dieser Gremien eine einseitige Ausrichtung. Regelmäßige Evaluierungen der möglichen Schäden erlauben darüber hinaus, auch die Qualität der Kommissionsaussagen zu bewerten, und die Methoden der *Credibility Theory* erlauben es, die Vorhersagen angemessen zu gewichten.

---

50 Vgl. die oben bereits erwähnte Liste des Europäischen Parlaments im Hinblick auf risikoreiche KI-Produkte.

Unzulässige Mithaftung von Unternehmen?

Eine andere Frage ist, ob durch die Einrichtung eines Fonds für regulatorisches Kapital zur Risikoabsicherung auch Unternehmen, die *de facto* risikoarme KI-Produkte auf den Markt bringen, unzulässig in Mithaftung genommen werden. Dagegen spricht, dass Schadensersatzforderungen zunächst aus dem regulatorischen Kapital des schadensverursachenden Unternehmens beglichen werden sollen. Falls die Schadenssumme darüber hinausgeht, sollte dasselbe Unternehmen auch die weiteren Schäden zunächst selbst kompensieren. Dadurch würde sichergestellt, dass der Fonds aus den für jedes Unternehmen getrennt zu behandelnden finanziellen Reserven bestehen bliebe. Falls dagegen vereinbart würde, dass der gesamte Fonds bei einem Schadensfall haftet, müsste der Staat, dem die Unternehmen der risikoarmen Entwicklungen angehören, eine Ausfallhaftung übernehmen. Das würde die Rückzahlung des Kapitals an diese Unternehmen nach der Bewährungszeit der Produkte garantieren.

Unklare Bestimmung des regulatorischen Kapitals?

Zentral für die hier vorgeschlagene adaptive Regulierung ist die Bestimmung der Höhe des regulativen Kapitals. Ohne dies hier vertiefen zu können, schlagen wir hierzu, wie an anderer Stelle ausgeführt,[51] eine formale Methodik auf Basis probabilistischer Methoden vor. Wenn Risiken im Falle ihres Eintretens das Unternehmensvermögen übersteigen und sogar eine Insolvenz nach sich ziehen können, darf man annehmen, dass sie im Entscheidungsprozess nicht im vollen Umfang berücksichtigt werden – selbst dann, wenn man davon ausgeht, dass ein Unternehmen rational (im Sinne einer Nutzenmaximierung)[52] handelt. Ohne Regulierung wird das Unternehmen risikoreiche Investitionen anstreben, da es der zu erwartenden höheren Rendite die möglichen Schäden und Verluste nicht in angemessener Weise gegenübergestellt. Denn diese sind – ohne das hier vorgeschlagene Fondsmodell – auf die Höhe des Unternehmensvermögens begrenzt.[53] Unser Vorschlag, eine Expertenkommission zu bilden und von Daten zur Funktionalität des KI-Systems zu erheben, ermöglicht dagegen eine sich stetig ver-

---

51 Schmidt, Vöneky, in: Vöneky et al. (a. a. O., Fn. 1).
52 Das bedeutet, dass zukünftige Gewinne und Verluste mit einer Nutzenfunktion gewichtet und dann durch die Erwartung gemittelt werden. Siehe z. B. Kreps, *A course in microeconomic theory*, 1990.
53 Siehe etwa Ernst Eberlein, Dilip B. Madan, „Unbounded liabilities, capital reserve requirements and the taxpayer put option", *Quantitative Finance*, 12.5, 2012, S. 709–724 m. w. N.

bessernde (adaptive) Einschätzung der Risiken, die mit dem jeweils zu bewertenden System verbunden sind.

V Fazit

In diesem Beitrag stellen wir ein neues adaptives Regulierungsmodell für Hochrisiko-KI-Produkte und -Dienstleistungen vor. Es verpflichtet Unternehmen auf Basis der Einschätzung einer Expertenkommission, ein regulatorisches Kapital in einem Fonds zu hinterlegen. Dieses Modell kann global, national oder auch regional normativ verankert und umgesetzt werden. Zum einen erlaubt das adaptive Regulierungsmodell die Kompensation von Schäden, die durch KI-Systeme verursacht werden; zum anderen verschafft es Unternehmen einen Anreiz, große Risiken zu vermeiden. Beides dient dem Schutz von Menschenrechten wie dem Recht auf Leben und Unversehrtheit und fördert Gemeinwohlgüter wie den Schutz der Umwelt. Da das regulatorische Kapital wieder an die Unternehmen zurückgezahlt wird, wenn ein KI-Hochrisiko-Produkt sich über einige Jahre als sicher erwiesen hat, entstehen durch diese Art der adaptiven Regulierung keine unnötig hohen Barrieren für die Entwicklung, den Verkauf und die Nutzung neuer und wichtiger KI-basierter Hochrisikotechnologien.

Wissenschaftskommunikation

Eva Buddeberg
Wissenschaft als diskursive Mitverantwortung

Nicht erst seit Beginn der Corona-Pandemie stehen WissenschaftlerInnen im Zentrum öffentlicher Debatten. In den letzten Jahren wandte man sich an sie insbesondere mit Bezug auf die Folgen des Klimawandels, den Einsatz Künstlicher Intelligenz oder Fragen der Gendiagnostik. Angesichts sich schon realisierender und weiteren zu erwartenden großen Transformationen unserer Lebenswelt ist ihr Expertenwissen sehr gefragt. Dessen großer gesellschaftlicher Nutzen ist nicht zu bestreiten, allerdings können bestimmte Anwendungen beispielsweise von Künstlicher Intelligenz oder die Praxis gendiagnostischer Methoden auch wichtige der unserer liberalen Demokratie zugrundeliegenden Normen infrage stellen. Das gilt für die Gleichheit ihrer BürgerInnen ebenso wie für die bereits in der Französischen Revolution als Brüderlichkeit geforderte gesellschaftliche Solidarität wie auch für unser Selbstverständnis als autonom handelnde Personen. Die sich daraus ergebenden Fragen liegen jedoch sehr oft nicht im Bereich der fachlichen Kernexpertise der angesprochenen WissenschaftlerInnen, sofern sie sich mit Themen wie KI oder Klimawandel vorrangig aus naturwissenschaftlichen oder technischen Perspektiven befassen. Gleichwohl wird WissenschaftlerInnen häufig allgemein eine besondere Verantwortung zugewiesen. Dies scheint sich mit deren eigenem Selbstverständnis zu decken: 2019 hat die *Deutsche Forschungsgemeinschaft* 19 Leitlinien zur Sicherung guter wissenschaftlicher Praxis herausgegeben.[1] Schon in der Präambel wird darauf verwiesen, dass mit der verfassungsrechtlich garantierten Freiheit der Wissenschaft auch eine besondere *Verantwortung* einhergehe, wobei es Aufgabe aller WissenschaftlerInnen sowie wissenschaftlicher Einrichtungen sei, dieser Verantwortung nicht nur nachzukommen, sondern diese auch „als Richtschnur des eigenen Handelns zu verankern".[2]

Doch welche besondere Verantwortung trägt die Wissenschaft oder tragen WissenschaftlerInnen und wem gegenüber? Woran genau hat sich die Wissen-

---
[1] Stephan Rixen: „Gute wissenschaftliche Praxis. Der neue Kodex der DFG", *Deutsche Forschungsgemeinschaft, Forschung & Lehre*, 9/19, 2019, S. 818–820.
[2] DFG, Gruppe Chancengleichheit, Wissenschaftliche Integrität und Verfahrensgestaltung, *Leitlinien zur Sicherung guter wissenschaftlicher Praxis. Kodex*, 2019, S. 7, https://ombudsman-fuer-die-wissenschaft.de/wp-content/uploads/2019/07/2019-Kodex_Leitlinien-GWP.pdf, aufgerufen am 01.12.2021.

OpenAccess. © 2022 Eva Buddeberg, publiziert von De Gruyter. Dieses Werk ist lizenziert unter einer Creative Commons Namensnennung – Nicht kommerziell – Keine Bearbeitung 4.0 International Lizenz. https://doi.org/10.1515/9783110769975-009

schaft beziehungsweise haben sich WissenschaftlerInnen dabei in ihrem Handeln zu orientieren? Und sind es in erster Linie ForscherInnen im Bereich des Klimawandels, der Künstlichen Intelligenz oder der Biowissenschaften, denen diese Verantwortung zukommt? Im Folgenden möchte ich zunächst den Begriff der Verantwortung, wie er auch unserem Alltagsverständnis zugrunde liegt, klarer bestimmen (I). In einem zweiten Schritt möchte ich dann erklären, warum niemand allein, sondern alle gemeinsam verantwortlich sind (II), bevor ich vor diesem Hintergrund drittens etwas mehr zur besonderen Verantwortung von Wissenschaft beziehungsweise Wissenschaftlerinnen sagen werde (III).

I Der Begriff der Verantwortung

In philosophischen Theorien wird Verantwortung häufig mit „Zuschreibung", „Haftung" oder „Verpflichtung" gleichgesetzt. Meines Erachtens findet dabei ein Aspekt des Begriffs Verantwortung nicht genügend Berücksichtigung, der schon in unserem Alltagsverständnis enthalten ist: Verantwortung haben heißt nicht nur, dass jemandem rückblickend eine Handlung oder Aufgabe zugeschrieben werden kann und er dafür zu haften hat („Die Fehler bei der Datenerhebung sind der Wissenschaftlerin zuzuschreiben. Deshalb hat sie für den entstandenen Schaden zu haften.") beziehungsweise dass jemand zukünftig zu einer bestimmten Handlung oder der Übernahme einer Aufgabe verpflichtet ist („Die Wissenschaftlerin ist bei der Ausführung ihrer Versuche verpflichtet, die von der für dieses Feld zuständigen Ethikkommission festgelegten Richtlinien einzuhalten."). Vielmehr ist Verantwortung eine Antwort-, das heißt eine Rechtfertigungspflicht: Wir *verantworten* uns *vor jemandem*, indem wir den mit jedem Handeln verbundenen Anspruch, dass dieses berechtigt ist, durch die Angabe von intersubjektiv nachvollziehbaren und einsehbaren Gründen gegenüber den Betroffenen einlösen. Entsprechend bedeutet verantwortlich sein, das eigene Handeln und Verhalten in dem Umfang, in dem es andere betrifft, schon daran zu orientieren, dass auf legitime Fragen zufriedenstellend geantwortet werden kann. Dazu gehört auch, dass die Beteiligten sich über ihr Verhalten und die ihre Handlungen leitenden Motive, Intentionen und Gründe in Form von Rechtfertigungsdiskursen verständigen.[3]

Warum aber haben sich Menschen für ihr Handeln bzw. die Unterlassung von Handlungen zu rechtfertigen? Die den Begriff Verantwortung charakterisierende

---

[3] Ausführlicher skizziere ich mein diskursives Verständnis von Verantwortung in: Eva Buddeberg, *Verantwortung im Diskurs*, Berlin 2011, S. 205–239.

Forderung und Fähigkeit, das eigene Handeln durch Gründe zu rechtfertigen, ist meines Erachtens bereits im Begriff des Handelns als vernünftigem oder an Vernunft orientiertem enthalten und damit den handelnden Menschen nicht erst nachträglich von außen auferlegt. Denn Handeln ist intentional und basiert auf Gründen. Es vollzieht sich innerhalb einer mit anderen geteilten, durch diese mit konstituierten und sprachlich strukturierten Welt und ist damit generell mit dem Anspruch verbunden, dass es sich vor anderen (von diesem Handeln Betroffenen) rechtfertigen lässt – und dieser Anspruch gilt in besonderem Maße für die Wissenschaft. Dabei ist Sprache nicht nur als Bedingung zu verstehen in dem Sinne, dass die für jede Handlung notwendige Intentionalität ein sprachlich strukturiertes Bewusstsein voraussetzt. Auch Handlungsgründe und der mit jedem Handeln erhobene Anspruch, das eigene Handeln rechtfertigen zu können, lassen sich nur in der Sprache explizieren. Doch setzt nicht nur Verantwortlich-Sein Sprache voraus, sondern auch umgekehrt impliziert Sprechen und Über-Sprache-Verfügen das Übernehmen von Verantwortung: Sprache ist intersubjektiv und muss daher immer auch für andere nachvollziehbar sein. Niemand kann dauerhaft sprachliche Äußerungen, die für niemanden verständlich sind, in den intersubjektiven Raum stellen und dabei Fragen und Aufforderungen von anderen, diese zu erklären und zu begründen, zurückweisen oder hartnäckig ignorieren; auch dies gilt besonders für die Wissenschaft. In der Sprache legen Menschen sich auf bestimmte, wenn auch nicht endgültige Aussagen über die Welt fest und erheben damit – mindestens implizit – zugleich den Anspruch, hierzu berechtigt zu sein. Und diesen mit ihren Aussagen verbundenen Berechtigungsanspruch haben sie gegebenenfalls vor anderen mit Gründen zu bekräftigen und zu rechtfertigen, das heißt eben: zu verantworten.[4]

Zunächst kann man sagen, dass somit jeder handelnde und sprechende Mensch rückblickend für seine Handlungen und Unterlassungen und mit Blick auf die Zukunft für die Erfüllung bestimmter Aufgaben verantwortlich ist. Einzelne Handlungen sind aber nur vordergründig und eher künstlich aus dem den Handlungskontext konstituierenden komplexen Geflecht von Tatsachen, Ereignissen, subjektiven Überzeugungen, Wünschen etc. zu isolieren. Nur in stark standardisierten Handlungssituationen mag als Verantwortungs*objekt* eine Handlung und deren Konsequenzen zu identifizieren sein – wobei bereits hier die Einbeziehung von verschiedenen Handlungsabsichten und -gründen die dem ersten Anschein nach einfache Handlung zu einem ganzen Handlungskomplex erweitern kann. Prinzipiell kann alles Verhalten und Handeln – und somit auch

---

4 Siehe für eine moralphilosophische Begründung, Buddeberg, a. a. O., S. 253–273.

Wissenschaft –, wodurch Handelnde sich den Blicken und Fragen von (eventuell) dadurch betroffenen Mit-Subjekten aussetzen, vor diesen zu rechtfertigen sein.

Rechtfertigen müssen sich Menschen potentiell *vor all denen, die von ihren Handlungen direkt oder indirekt betroffen* sind oder sein könnten. Auch dies gilt prospektiv und retrospektiv: Eine handelnde Person hat jemandem Rechenschaft über ihr vergangenes Verhalten abzulegen und das heißt, dem anderen gegenüber mit guten Gründen zu rechtfertigen. Bei noch zu erfüllenden Aufgaben wie bei der Ausrichtung des eigenen Handelns allgemein hat sich die handelnde Person schon im Voraus daran zu orientieren, dass sie ihr Verhalten vor möglicherweise Betroffenen mit guten Gründen rechtfertigen kann. Ein solcher Rechtfertigungsanspruch kann auch stellvertretend durch andere Personen wie auch durch Institutionen geltend gemacht werden. Je standardisierter Handlungen sind, desto eindeutiger scheint auch vorgegeben, wer überhaupt und wie weit betroffen ist und deshalb ein solches konkretes „Recht auf Rechtfertigung"[5] beziehungsweise zunächst ein „Recht auf Berücksichtigung"[6] hat. Falls sich ein Handlungskontext oder die Interpretation einer Handlung ändert und eine andere Person oder Institution nach Gründen fragt, muss auch dieser geantwortet werden. Dies gilt zumindest dann, wenn sie sich ihrerseits entsprechend legitimieren kann. In den meisten alltäglichen Handlungssituationen wird allerdings nur selten gefragt und geprüft, wer einen Anspruch auf Rechtfertigung überhaupt zu erheben berechtigt ist. Ein solches Problem entsteht im Allgemeinen erst dann, wenn eine Berechtigung bisher für gewöhnlich nicht zuerkannt, nicht in Erwägung oder aktuell in Zweifel gezogen wird.

Außerdem lässt sich weiterfragen, *anhand welcher Kriterien* die von der handelnden Person für ihre getroffene Entscheidung vorgebrachten Gründe überhaupt bewertet werden oder woran sich die handelnde Person bei der Auswahl ihrer Gründe orientiert: Dabei kann es sich etwa um Leitlinien der eigenen Profession oder andere Regeln und Normen handeln, die nur für einen klar bestimmten Handlungskontext gelten, aber auch allgemeiner um rechtliche Regeln, moralische oder politische Normen. Diese liefern im Verantwortungsdiskurs eine Art normativen Bezugsrahmen, anhand dessen das Verhalten oder die Handlungen einer Person von anderen davon Betroffenen bewertet werden. Diesen normativen Bezugsrahmen müssen Akteure wie diejenigen, die andere zur Re-

---

5 Dieser Terminus ist von Rainer Forst geprägt worden, siehe etwa ders., *Das Recht auf Rechtfertigung*, Frankfurt 2007.
6 Die Formulierung „Recht auf Berücksichtigung" soll deutlich machen, dass wir andere, von unserem Handeln Betroffene unabhängig davon, ob sie *de facto* nach Gründen fragen, grundsätzlich in unserem Handeln und Verhalten so berücksichtigen müssen, dass sie es als gerechtfertigt akzeptieren können.

chenschaft ziehen, immer voraussetzen und implizit darauf rekurrieren, um überhaupt Verantwortung übernehmen, festlegen, zuschreiben und evaluieren zu können. In vielen Fällen bleibt die Bezugnahme aber unthematisch und wird erst in Zweifelsfällen explizit gemacht.

Wichtig ist zu berücksichtigen, dass Verantwortungsbeziehungen immer auch soziale Machtbeziehungen sind: So basiert schon die Zuschreibung von Verantwortung für eine Handlung oder auch die Erfüllung einer Aufgabe gewöhnlich auf der Annahme, dass der / die TrägerIn von Verantwortung über besondere Handlungsmacht oder Handlungswissen verfügt. Ebenso wird unterstellt, dass er / sie Macht über die in seinen / ihren Verantwortungsbereich fallenden Personen hat – sowohl in dem Sinne, dass er / sie deren Handlungsmöglichkeiten einschränken kann, als auch, dass er / sie in mehr oder weniger großem Umfang deren Handeln veranlassen oder bewirken oder für sie handeln kann. Auch auf der Rechtfertigungsebene spielen Machtverhältnisse eine Rolle: Handlungen gelten als verantwortlich, wenn sie sich (potentiell) vor anderen von ihnen Betroffenen rechtfertigen lassen. Je mehr die Handlungsmacht einer Person wächst, desto größer wird möglicherweise der Handlungsraum, in dem andere von ihrem Handeln betroffen sind oder sein können. Damit wächst potentiell die Zahl der Betroffenen und somit auch die Rechtfertigungspflicht diesen gegenüber. Tatsächlich entscheidet jedoch häufig weniger die Betroffenheit als die faktische soziale Macht derjenigen, die Rechenschaft verlangen, darüber, ob ihr Anspruch auf Rechtfertigung überhaupt gehört und berücksichtigt wird. Außerdem bestimmt häufig die soziale Macht der sich rechtfertigenden Person und eben nicht das bessere Argument,[7] ob die gegebenen Rechtfertigungen als legitim und sachlich angemessen akzeptiert werden.[8]

---

[7] Vgl. zur Rolle von Argumenten Jürgen Habermas' „Exkurs zur Argumentationstheorie" in: ders., *Theorie des kommunikativen Handelns*, 2 Bd., Frankfurt am Main 1981, Bd. I, S. 44–71. Kritisch hierzu etwa Robin Celikates, „Habermas – Sprache, Verständigung und sprachliche Gewalt"; in: Hannes Kuch und Steffen Kitty Herrmann (Hg.), *Philosophien sprachlicher Gewalt*, Weilerswist 2010, S. 272–285.
[8] Weiter ist zu berücksichtigen, dass Menschen die in der Verantwortungspraxis vorausgesetzten Fähigkeiten erst in sozialen Praktiken ausbilden, in denen sie sozialisiert und in die sie integriert werden. Die Teilnahme an solchen Praktiken ist somit notwendig für die Fähigkeit, Verantwortung zu übernehmen bzw. auszuüben. Doch sind diese sozialen Praktiken selbst durchwirkt von bestehenden sozialen Machtverhältnissen beziehungsweise sind deren Ausdruck, wodurch diese somit auch die verschiedenen Verantwortungspraktiken maßgeblich mitbestimmen.

II Mit-Verantwortung

Jeder individuellen Verantwortung geht, wie der 2018 verstorbene Philosoph Karl-Otto Apel herausgearbeitet hat, eine allgemeine und *gemeinsam getragene* Verantwortung voraus:[9] Noch bevor ein einzelner Mensch für „irgendwelche besonderen Aufgaben" oder aber Handlungen Verantwortung trage, seien alle Menschen als Mitglieder einer Kommunikationsgemeinschaft bereits verantwortlich für das „*Freilegen, Entdecken* aller diskursfähigen Probleme in der Lebenswelt und für das *Diskutieren* selbst, somit auch für das Zustandekommen des Diskurses und für das *Lösen der Probleme*"[10] und „dafür, *dass* [diese Aufgaben] zugeteilt" werden.[11] Verantwortung zu tragen heißt demnach zunächst, sich an öffentlichen, kommunikativen Prozessen mit anderen zu beteiligen. In diesen können einerseits Aufgaben ermittelt, zu berücksichtigende Interessen und Bedürfnisse eruiert, Zuständigkeiten festgelegt oder delegiert, aber auch die zugrunde gelegten Handlungsnormen unter Berücksichtigung der Interessen und Bedürfnisse aller Betroffenen kritisch geprüft werden. Andererseits können, etwa um diese klärenden Erwägungen zu gewährleisten, „verantwortliche" Institutionen ins Leben gerufen werden. Dabei, so betont auch Apel, schließt dieser von ihm postulierte „Begriff der immer schon vorausgesetzten *Mit-Verantwortung* aller Menschen den traditionellen Begriff *individuell zurechenbarer Verantwortung* keineswegs aus". Mit-Verantwortung bildet vielmehr eine Art Basis für jede konkret zu übernehmende oder zu übertragene individuelle (und kollektive) Verantwortung.[12] Als mit-verantwortliche Mitglieder einer Kommunikationsgemeinschaft handeln Menschen nicht von Anderen losgelöst, vielmehr sind sie gemeinsam dazu in der Lage und dazu verpflichtet, sich in der Kommunikation *mit diesen Anderen* zu koordinieren, nicht nur hinsichtlich ihres eigenen Tuns und seiner Folgen, sondern auch hinsichtlich der möglichen, teilweise weitreichenden Konsequenzen des Handelns aller Beteiligten. So könnten mögliche negative Folgen, die speziell aus dem ungünstigen Zusammenwirken verschiedener Ein-

---

[9] Siehe etwa Karl-Otto Apel, „Primordiale Mitverantwortung. Zur transzendentalpragmatischen Begründung der Diskursethik als Verantwortungsethik. Ein Gespräch mit Karl-Otto Apel", in: ders. und Holger Burckhart (Hg.), *Prinzip Mitverantwortung*, Würzburg 2001, S. 97–121; ders., „First Things First. Der Begriff primordialer Mit-Verantwortung. Zur Begründung einer planetaren Makroethik", in Matthias Kettner (Hg.), *Angewandte Ethik als Politikum*, Frankfurt am Main 2000, S. 21–50; siehe auch meine Darstellung in: Eva Buddeberg, a. a. O., S. 99–104.
[10] Apel, a. a. O., 2001, S. 107–108.
[11] Apel, a. a. O., S. 109.
[12] Apel, a. a. O., 2000, S. 27.

zelhandlungen resultieren, frühzeitiger erkannt, vermieden oder zumindest minimiert werden.

Mit-Verantwortung trägt man, so präzisiert Apel, nicht allein für die „Aufdeckung bzw. Identifizierung" aller moralisch relevanten Probleme der Lebenswelt, sondern auch dafür, diese „im argumentativen Diskurs" zu lösen.[13] Da alle Probleme der Lebenswelt im argumentativen Diskurs gemeinsam gelöst werden sollen, fordern, prüfen und beurteilen *potentiell* immer zugleich alle betroffenen Mitglieder der Diskursgemeinschaft die Gründe für eine Handlung – letztlich wird erst durch diesen Prozess des Einforderns, Prüfens und Beurteilens von Gründen gemeinsam Verantwortung praktiziert. Damit wird auch verständlich, warum das Konzept der *primordialen* Mitverantwortung keine Instanz als feststehende Institution kennt, vor der man sich zu verantworten hat, vielmehr bestimmt es durch das beschriebene Prozedere des Diskurses als eine solche Verantwortungsinstanz potentiell jedes Mitglied der Kommunikationsgemeinschaft – allein oder gemeinsam mit Anderen. Und wer konkret darüber entscheidet, ob Handeln berechtigt, das heißt gut begründet ist, kann nicht vorab festgelegt werden, sondern ergibt sich aus den jeweiligen Betroffenheiten und der kontextuellen Prüfung der vorgebrachten Gründe. Der Begriff der diskursiven Mitverantwortung beinhaltet damit, anders als der Begriff einer einfachen Zurechnungsverantwortung oder auch der Begriff der Pflicht, die fortlaufende intersubjektive Verständigung über das eigene Handeln wie auch gegebenenfalls über die diesem Handeln zugrundeliegenden Normen sowie die Regelung und Koordination dieses Prozesses.

III Die Verantwortung der Wissenschaft und der WissenschaftlerInnen

Inwiefern kann ein solcher Begriff diskursiver Mitverantwortung nun helfen, klarer zu bestimmen, welche besondere Verantwortung der Wissenschaft oder vielmehr WissenschaftlerInnen zukommt? Für was und wem gegenüber sind diese verantwortlich? In welcher Form?[14]

Nach dem hier explizierten Verständnis von Verantwortung sind WissenschaftlerInnen auf der professionellen Ebene zunächst weiterhin für ihre For-

---

[13] Apel, a. a. O., S. 37.
[14] Bezeichnenderweise hat Apel selbst die mit dem hier knapp skizzierten Begriff einer diskursiven Mit-Verantwortung verbundene Idee einer unendlichen Kommunikationsgemeinschaft maßgeblich mit Rückgriff auf Charles Sanders Peirces Idee einer tendenziell unbegrenzten Experimentier- und Interpretationsgemeinschaft von WissenschaftlerInnen entwickelt.

schung verantwortlich, das heißt, sie müssen sich für alle mit ihrer Forschung verbundenen Handlungen – nicht zuletzt auch schon für die Auswahl ihrer Forschungsthemen – rechtfertigen können. Dabei sind sie zum einen – wie alle anderen – an rechtliche und moralische Normen gebunden. Zum anderen sind darüber hinaus aber spezifische Normen der Wissenschaft, wie sie etwa der *Kodex von 2019* vorgibt, und die wissenschaftsübergreifende Norm, unvoreingenommen nach Wahrheit zu suchen, zu beachten. An diesen Normen und Regeln müssen sich WissenschaftlerInnen *prospektiv in ihrem Handeln orientieren*, und mit *Rückgriff auf diese Normen* müssen sie sich unter Umständen vor Mitgliedern der Wissenschaftsgemeinde wie vor der Öffentlichkeit mit guten Gründen *rechtfertigen*, das heißt: *verantworten*.

Doch gerade auch weil wissenschaftliche Arbeit häufig sehr komplex, vernetzt und in der Definition ihrer Gegenstände und Methoden oft zunächst nicht klar konturiert ist, kann es gut sein, dass WissenschaftlerInnen gar nicht in der Lage sind, die Folgen der eigenen Forschung mit Blick auf alle Dimensionen umfassend genug zu reflektieren. Das entbindet sie aber nicht davon, das Gespräch mit anderen WissenschaftlerInnen und der weiteren Öffentlichkeit zu suchen, um etwaige Folgen und Implikationen der eigenen Forschung möglichst schon vorab, aus möglichst vielen Perspektiven und in möglichst umfassender Weise zu reflektieren. So hat etwa der Genforscher David Reich 2018 nicht nur andere WissenschaftlerInnen, sondern auch die Öffentlichkeit allgemein dazu aufgerufen, seine Forschungsergebnisse mit Blick auf die Frage zu diskutieren, ob durch seine Forschung das ethische Postulat der Gleichheit seine Basis verliere. In diesem Sinne kommt jedem / jeder WissenschaftlerIn eine *Mit-Verantwortung* zu, am innerakademischen wie auch öffentlichen Diskurs über die wissenschaftlichen ebenso wie die etwaigen moralischen und politischen Implikationen seiner Forschung teilzunehmen, ja diesen, wenn nötig, auch erst zu initiieren.

Dabei ist dafür Sorge zu tragen, dass selbst in den zunächst maßgeblich von WissenschaftlerInnen geführten Diskussionen auch die Betroffenen selbst mit ihren Ansprüchen und Bedürfnissen zu Wort kommen werden. Dort, wo diese sich selbst nicht äußern können, muss doch immer versucht werden, im Austausch mit möglichst geeigneten anderen Mitgliedern der Kommunikationsgemeinschaft ihre Interessen und Bedürfnisse mit zu berücksichtigen. So ist denjenigen besonderes Gehör zu schenken, die die Interessen der direkt Betroffenen aufgrund etwa persönlicher Beziehungen oder gültiger wissenschaftlicher Untersuchungen besonders gut einschätzen können. Darüber hinaus sollten WissenschaftlerInnen aber auch die über die Betroffenheiten Einzelner hinausgehenden sozialen, politischen und ethischen Dimensionen im interdisziplinären Austausch mit anderen WissenschaftlerInnen wie auch mit VertreterInnen aus Politik, Kultur und Wirtschaft diskutieren. Auch dafür sollten Universitäten oder andere Institutionen der Forschung und Lehre immer in Verbindung und im Austausch mit der größeren Öffentlichkeit stehen.

Wichtig ist auch hier zu beachten: Wie andere Menschen verfügen WissenschaftlerInnen nicht nur über Wissens- und Handlungsmacht, sondern sie haben damit einerseits selbst Macht über andere, wie sie andererseits der Macht anderer unterliegen. So besteht die Gefahr, dass externe Machteinwirkung die Unabhängigkeit und die moralische Integrität der eigenen Forschung gefährdet, umgekehrt kann das vergleichsweise größere Spezialwissen und die damit möglicherweise verbundene größere Diskursmacht einer WissenschaftlerIn dazu führen, dass sie / er sich anderen gegenüber gar nicht rechtfertigt bzw. dass ihre / seine Rechtfertigungen einfach aufgrund ihrer / seiner faktischen Macht anerkannt werden. Dabei kann das Nichteinhalten spezifisch wissenschaftlicher, aber auch allgemeiner gesellschaftlicher Normen nicht unbedingt oder nicht allein aus persönlichen Unzulänglichkeiten resultieren, sondern auch aus „externen" Umständen wie *faktisch geltenden* Marktnormen und *asymmetrischen Machtverhältnissen*. Um diesem Problem entgegenzuwirken, besteht auch eine Verantwortung, *Machtasymmetrien im Diskurs abzubauen oder zumindest zu reduzieren*. Diese Verantwortung kommt einerseits der Wissenschaftsgemeinschaft als Ganzem zu; gleichzeitig obliegt es aber jedem einzelnen Mitglied, ebenso dazu beizutragen, dass es nicht zu einer Orientierung an „falschen Normen" und nicht gerechtfertigten Machtverhältnissen kommt.

Noch einmal zusammengefasst: Diskursive Mit-Verantwortung impliziert auch hier, dass auch einE WissenschaftlerIn – ebenso wenig wie der einzelne Mensch oder Gruppen der Gesellschaft – nicht allein festlegen sollte, wie er oder sie zu handeln hat. Vielmehr hat er oder sie sich vorab mit anderen über die eigenen Motive, Gründe und Interessen wie auch die Folgen seiner / ihrer wissenschaftlichen Arbeit und mögliche Handlungsalternativen diskursiv zu verständigen. Entsprechend sind WissenschaftlerInnen auch nicht allein dafür verantwortlich, die normativen Implikationen und Rahmenbedingungen eigener Forschung zu rechtfertigen. Vielmehr tragen sie langfristig Verantwortung dafür, im Austausch mit anderen WissenschaftlerInnen und mit der politischen Öffentlichkeit dafür zu sorgen und zu gewährleisten, dass die eigene Forschung nicht nur den Leitlinien guter wissenschaftlicher Praxis entspricht, sondern auch demokratischen beziehungsweise moralischen Grundnormen der Gleichheit, Gerechtigkeit und Solidarität genügt. Ferner haben sie den Diskurs über die politische und moralische Orientierung von Wissenschaft mitzuführen, wobei sie sicher auf den kritischen Austausch mit VertreterInnen anderer Fächer wie etwa der politischen Philosophie oder anderer Sozial- und Kulturwissenschaften angewiesen sind. Diese wiederum haben sich immer wieder auch mit der Forschung von Natur- und Technikwissenschaften auseinanderzusetzen, um aktuelle Antworten auf diese Fragen zu finden. Wissenschaft als diskursive Mitverantwortung heißt also nicht nur, die eigene Forschung vor anderen FachwissenschaftlerInnen mit Blick auf ihre Wissenschaftlichkeit zu rechtfertigen, sondern darüber hinaus auch, vorab und langfristig dafür zu sorgen, dass Wissenschaft in der Wahl ihrer Forschungsgegenstände sowie in Bezug auf die Verwertung ihrer Forschungsergebnisse ihrer *gesellschaftlichen* Verantwortung gerecht wird.

Daniel Eggers
Wissenschaftskommunikation und Verantwortung

Obwohl die Bedeutung der ‚externen' Wissenschaftskommunikation, also der Kommunikation wissenschaftlicher Erkenntnisse an eine breitere Öffentlichkeit, heute weithin anerkannt ist, gibt es nur wenige Versuche, sich systematisch mit den *ethischen* Aspekten dieser Form von Kommunikation zu befassen. Dies erstaunt nicht zuletzt angesichts der Tatsache, dass Bedeutung und Notwendigkeit der Wissenschaftskommunikation oftmals selbst mithilfe ethischer Begriffe betont werden. So ist in den letzten Jahren die Idee einer *Pflicht* zur externen Wissenschaftskommunikation zu einem Gemeinplatz der öffentlichen und akademischen Diskussion geworden: Die Vorstellung, WissenschaftlerInnen hätten die Verpflichtung, die Bevölkerung besser über ihre Forschung und deren Ergebnisse aufzuklären, wird von WissenschaftlerInnen,[1] UniversitätsrektorInnen,[2] JournalistInnen[3] und prominenten PolitikerInnen wie den Bundesministerinnen für Bildung und Forschung Johanna Wanka und Anja Karliczek[4] geteilt. Die Auseinandersetzung mit dieser Idee ist jedoch bislang unbefriedigend geblieben.

---

[1] Vgl. stellvertretend Sarah R. Davies, „Scientists' duty to communicate: Exploring ethics, public communication, and scientific practice", in: Susanne Priest, Jean Goodwin, Michael F. Dahlstrom (Hg.), *Ethics and practice in science communication*, Chicago 2018, S. 175–192, S. 175; Alisa Sonntag, „‚Wir Wissenschaftler:innen haben verdammt nochmal die Pflicht, etwas zurückzugeben' – Interview mit Physiker und Podcaster André Lampe", Krautreporter 13.05.2020, https://krautreporter.de/3328wir-wissenschaftler-innen-haben-verdammt-nochmal-die-pflicht-etwas-zu ruckzugeben, aufgerufen am 27.10.2020.
[2] Vgl. Birgitt Riegraf, „Bringschuld: Wie können Wissenschaft und Politik auf wissenschaftsfeindliche Tendenzen reagieren?", *Forschung & Lehre*, 6, 2018, S. 508–509.
[3] Vgl. Jan-Martin Wiarda, „Wolkige Kommunikation", 04.10.2018, https://www.jmwiarda.de/2018/10/04/wolkige-kommunikation/, aufgerufen am 27.10.2020.
[4] Vgl. Joachim Müller-Jung, „‚In Deutschland wird das Negative stärker betont' – Interview mit Forschungsministerin Johanna Wanka", Frankfurter Allgemeine Zeitung, 20.07.2015, https://www.faz.net/aktuell/feuilleton/debatten/interview-mit-johanna-wanka-zur-forschung-13710617.html, aufgerufen am 27.10.2020; Jan-Martin Wiarda, „‚Es ist wirklich Zeit für diesen Kuturwandel' – Interview mit Anja Karliczek", 14.11.2019, https://www.jmwiarda.de/2019/11/14/es-ist-wirklich-zeit-für-diesen-kulturwandel/, aufgerufen am 27.10.2020; Joachim Müller-Jung „‚Stürzt euch in den Meinungsstreit!' – Interview mit Anja Karliczek", Frankfurter Allgemeine Zeitung, 05.11.2020, https://www.faz.net/aktuell/wissen/forschung-politik/die-wissenschaftskommunikation-sollte-sich-nicht-laenger-nur-aufs-informieren-empfehlen-und-vermarkten-beschraenken-17033212.html, aufgerufen am 06.11.2020.

OpenAccess. © 2022 Daniel Eggers, publiziert von De Gruyter. Dieses Werk ist lizenziert unter einer Creative Commons Namensnennung – Nicht kommerziell – Keine Bearbeitung 4.0 International Lizenz. https://doi.org/10.1515/9783110769975-010

Sieht man von dem gebetsmühlenartig wiederholten Hinweis ab, Wissenschaft würde mit Steuergeldern finanziert, und es bestehe daher eine Rechenschaftspflicht gegenüber der Gesellschaft,[5] wurde noch kein ernstzunehmender Versuch unternommen, die vermeintliche Pflicht zur externen Wissenschaftskommunikation schlüssig zu begründen. Angesichts der Bedeutung arbeitsteiliger Prozesse für moderne Gesellschaften und der Existenz von Kommunikationsabteilungen an Universitäten und Forschungseinrichtungen sowie eines unabhängigen Wissenschaftsjournalismus erscheint es aber beileibe nicht selbstverständlich, dass individuelle WissenschaftlerInnen eine Pflicht haben sollten, ihre Erkenntnisse aktiv an die Bevölkerung zu kommunizieren, und zwar auch dann nicht, wenn man eine grundsätzliche Rechenschaftspflicht der Wissenschaft gegenüber der Gesellschaft anerkennt.

Eva Buddeberg deutet in ihrem Beitrag „Wissenschaft als diskursive Mitverantwortung" (s. oben, S. 113–122) an, wie sich eine Verpflichtung zur externen Wissenschaftskommunikation potentiell begründen ließe. Ein interessanter Aspekt ihres Ansatzes ist, dass er nicht bei spezifischen Kommunikationspflichten von WissenschaftlerInnen ansetzt, sondern allgemeiner beim Begriff der individuellen Verantwortung. Unter Rückgriff auf Überlegungen Karl-Otto Apels zeigt Buddeberg auf, wie aus dem Begriff wissenschaftlicher Verantwortung eine Verantwortung zur Kommunikation hergeleitet werden kann, da Verantwortung notwendig auf eine kommunikative Praxis des Sich-gegenüber-anderen-Verantwortens und Sich-gegenüber-anderen-Rechtfertigens verweist.

In meinem Beitrag werde ich die Beziehungen zwischen moralischer Verantwortung und interpersonaler Rechtfertigung einer genaueren Analyse unterziehen und die weitergehenden philosophischen Annahmen, von denen Buddebergs Argumentation abhängig ist, offenlegen und hinterfragen. Um einen klaren Ausgangspunkt für die Analyse zu gewinnen, werde ich zuvor die Idee einer Pflicht zur Wissenschaftskommunikation sowie das Verhältnis von Pflicht- und Verantwortungsbegriff eingehender beleuchten. Die Frage, ob es eine individuelle Pflicht zur externen Wissenschaftskommunikation gibt, werde ich letztlich offenlassen. Ich werde aber zeigen, dass die konkreten Verpflichtungen, die sich aus

---

5 Vgl. z. B. Birk Grüling, „Wissenschaftler im Netz – Erfolgreiches Selbstmarketing in der Wissenschaft", *academics*, Juli 2014, https://www.academics.de/ratgeber/selbstmarketing-wissenschaft, aufgerufen am 27.10.2020; Müller-Jung 2015, a. a. O.; Davies, a. a. O.; Wiarda 2018, a. a. O.; Wiarda 2019, a. a. O.; und Alexander Mäder, Johannes Schnurr, „Die selbstlosen Stakeholder? Stiftungen als neue Akteure der Wissenschaft und Wissenschaftskommunikation: Ein Interview mit Jörg Klein, Matthias Mayer, Cornelia Soetbeer, Felix Streiter", in: Johannes Schnurr, Alexander Mäder (Hg.), *Wissenschaft und Gesellschaft: Ein vertrauensvoller Dialog. Positionen und Perspektiven der Wissenschaftskommunikation heute*, Berlin 2020, S. 113–126.

den fundamentalen kommunikativen und partizipativen Rechten von BürgerInnen ergeben, nur im Rahmen einer umfassenderen systemethischen Analyse zur Rolle und Funktion der Wissenschaft in der Demokratie angemessen bestimmt werden können und dass es gute Gründe gibt, der Idee einer individuellen Pflicht zur externen Wissenschaftskommunikation mit einer gewissen Skepsis zu begegnen.

I Moralische Pflicht, Klugheitspflicht, Recht – oder Sonstiges?

Die Probleme der gegenwärtigen Diskussion über die Pflicht zur Wissenschaftskommunikation beginnen damit, dass die infrage stehende Idee nicht präzise beschrieben und konsequent von anderen Ideen unterschieden wird. So wird sie vielfach mit der schwächeren Vorstellung gleichgesetzt, ein entschiedeneres kommunikatives Engagement von WissenschaftlerInnen sei wertvoll und wichtig,[6] oder mit der deutlich weiter gehenden Vorstellung, WissenschaftlerInnen sollten mit Hilfe von Sanktionen zur Kommunikation mit der Öffentlichkeit gezwungen werden.[7]

Diese Situation ist nicht nur aus theoretischer Sicht, sondern auch mit Blick auf die praktische Frage der Bewertung konkreter kommunikativer Aktivitäten unbefriedigend: Wenn die Kommunikation wissenschaftlicher Erkenntnisse an eine breitere demokratische Öffentlichkeit vor allem deshalb wichtig ist, weil sie fundamentale politische und moralische Werte befördert, dann kann man die Qualität konkreter kommunikativer Aktivitäten nicht sinnvoll bewerten, ohne ein klares Verständnis davon zu haben, um welche Werte es sich handelt und wie sie sich am besten befördern lassen. Bemühungen, die externe Wissenschaftskommunikation zu verbessern, hängen daher in der Luft, solange ihre normativen Grundlagen nicht systematisch dargelegt werden, und dies ist mit vagen Begrifflichkeiten und undifferenzierten Thesen nicht zu erreichen.

Ich schlage vor, die infrage stehende Vorstellung einer Verpflichtung zur Wissenschaftskommunikation als die These zu begreifen, dass WissenschaftlerInnen *eine individuelle moralische Pflicht* haben, sich in der externen Wissen-

---

[6] Vgl. Manuel J. Hartung, Andreas Sentker, „Raus, raus, raus!", in: Schnurr, Mäder (Hg.), a. a. O., S. 129–138; und Christina Beck, Julia Wandt, „Zwischen Theorie und Praxis", in: Schnurr, Mäder (Hg.), a. a. O., S. 163–175.
[7] Vgl. Beatrice Lugger, „Verständlichkeit ist nur der Anfang", in: Schnurr, Mäder (Hg.), a. a. O., S. 139–150.

schaftskommunikation zu engagieren und ihre Tätigkeit und Forschungsergebnisse aktiv einer breiteren Öffentlichkeit zugänglich zu machen. Diese These muss von fünf anderen Thesen unterschieden werden, die eng mit ihr verbunden, aber eben nicht mit ihr identisch sind:

1. WissenschaftlerInnen haben eine *Klugheitspflicht*, sich in der externen Wissenschaftskommunikation zu engagieren und ihre Tätigkeit und Forschungsergebnisse aktiv einer breiten Öffentlichkeit zugänglich zu machen.

Die Auffassung, dass WissenschaftlerInnen eine genuin moralische Pflicht zur externen Wissenschaftskommunikation haben, und die Auffassung, dass es in ihrem eigenen Interesse liegt, sich in dieser Weise zu engagieren, sind ohne Zweifel miteinander vereinbar. Die meisten AutorInnen, die sich in der aktuellen Debatte für die erste Sichtweise stark machen, würden sich vermutlich auch die zweite Sichtweise zu eigen machen. Gleichwohl handelt es sich um zwei verschiedene Thesen, die auch als solche diskutiert werden müssen. Dies gilt schon deshalb, weil die Interessen von WissenschaftlerInnen und die Interessen der Öffentlichkeit nicht notwendig identisch sind und daher zu unterschiedlichen Bewertungen konkreter kommunikativer Aktivitäten führen können.

2. Es ist wertvoll und wünschenswert, dass WissenschaftlerInnen sich in der externen Wissenschaftskommunikation engagieren und ihre Tätigkeit und Forschungsergebnisse aktiv einer breiteren Öffentlichkeit zugänglich machen.

Es ist kaum zu bestreiten, dass externe Wissenschaftskommunikation wertvoll und wünschenswert ist. Die Behauptung, dass WissenschaftlerInnen eine individuelle moralische Pflicht verletzen, wenn sie sich nicht in dieser Weise betätigen, geht aber über diese vergleichsweise harmlose These hinaus und setzt dem legitimen wissenschaftlichen Handeln und damit der Selbstbestimmung von WissenschaftlerInnen ernstzunehmende Grenzen. Aus diesem Grund geht sie auch mit einem höheren Begründungsbedarf einher.

3. WissenschaftlerInnen sollten mit Hilfe von Sanktionen dazu gebracht werden, sich in der externen Wissenschaftskommunikation zu engagieren und ihre Tätigkeit und Forschungsergebnisse aktiv einer breiteren Öffentlichkeit zugänglich zu machen.

Dass Handlungen, die wir als Gegenstand moralischer Pflichten begreifen, in Form positiver Pflichten kodifiziert und mit Sanktionen belegt werden, ist gängige, von unzähligen Beispielen vertraute Praxis. Gleichwohl stellt die Kodifizierung und Sanktionierung von moralischen Pflichten keine Selbstverständlichkeit dar: Es gibt moralische Pflichten, deren Erfüllung (oft aus guten Gründen) nicht positivrechtlich abgesichert werden; umgekehrt gibt es rechtliche Gebote, die nicht in moralischen Pflichten begründet liegen. Entsprechend ist die Frage, ob WissenschaftlerInnen eine moralische Pflicht zur externen Wissenschaftskommunikation haben, von der Frage unabhängig, ob ihre kommunikative Aktivität (oder Nicht-Aktivität) durch Forschungseinrichtungen oder Drittmittelgeber gezielt sanktioniert werden sollte.

4. BürgerInnen demokratischer Staaten haben ein moralisches Recht, einen adäquaten Zugang zu den Ergebnissen wissenschaftlicher Forschung zu erhalten.

Da in der Debatte um die Wissenschaftskommunikation häufig auf die Informations- und Partizipationsinteressen von BürgerInnen und die Finanzierung der Wissenschaft aus Steuergeldern hingewiesen wird, liegt es nahe, der Bevölkerung ein Recht zuzuschreiben, einen adäquaten Zugang zu den Ergebnissen wissenschaftlicher Forschung zu erhalten. Ähnlich naheliegend ist die These, dass ein solcher Zugang nicht allein durch die Veröffentlichung wissenschaftlicher Erkenntnisse in Form fachwissenschaftlicher Aufsätze und Buchpublikationen gewährleistet werden kann, da sich diese primär an FachkollegInnen richten und selbst für interessierte Laien in der Regel schwer nachvollziehbar sind. Gleichwohl sind verschiedene Ausgestaltungen des Rechts auf adäquaten Zugang denkbar, die mit unterschiedlichen Schlussfolgerungen bezüglich der Rolle individueller WissenschaftlerInnen einhergehen. Erstens stellt sich die Frage, wer dieses Recht ausübt: Handelt es sich bei gewählten VolksvertreterInnen um diejenigen, die das Recht effektiv verwalten, und folglich um diejenigen, denen Forschungsergebnisse im Sinne einer wissenschaftlichen Politikberatung zugänglich gemacht werden müssen? Oder vertreten die Medien, und hier vor allem der Wissenschaftsjournalismus, die relevanten Belange der Bevölkerung? Oder muss jedem / r einzelnen BürgerIn selbst ein kommunikatives Angebot gemacht werden? Zweitens, und damit zusammenhängend, stellt sich die Frage, welche konkreten Pflichten sich aus dem beschriebenen Recht ergeben. Es mag klar sein, dass es sich bei dem Recht um einen genuinen Anspruch handelt, dem Pflichten aufseiten anderer Individuen korrespondieren. Damit ist aber noch nicht gesagt, wer genau die PflichtenträgerInnen sind und ob die betreffende Gruppe ausnahmslos alle WissenschaftlerInnen umfasst.

5. Die wissenschaftliche Gemeinschaft hat eine Pflicht, sich in der externen Wissenschaftskommunikation zu engagieren und ihre Tätigkeiten und Forschungsergebnisse aktiv einer breiteren Öffentlichkeit zugänglich zu machen.

Aufgrund der oben angesprochenen Frage der Pflichtenverteilung muss zwischen einer individuellen Pflicht von WissenschaftlerInnen zur externen Wissenschaftskommunikation und einer kollektiven Pflicht der wissenschaftlichen Gemeinschaft *als Ganzer* unterschieden werden. Bei der Annahme einer individuellen Pflicht aller WissenschaftlerInnen handelt es sich nur um *eine* mögliche Interpretation der allgemeineren Vorstellung, die Wissenschaft müsse sich der Öffentlichkeit verständlich machen. Ebenso denkbar ist es, die externe Wissenschaftskommunikation als spezifische Aufgabe von professionellen Kommunikationsabteilungen, Fachgesellschaften oder anderen gewählten FachvertreterInnen zu begreifen. Mit der fünften These, die – ebenso wie die vierte – unkontrovers erscheinen mag, legt man sich also noch nicht auf die anspruchsvollere Auffassung einer individuellen moralischen Verpflichtung fest, die in der aktuellen Diskussion zu solcher Popularität gelangt ist und um die es hier geht.

Die Bedeutung des von Eva Buddeberg skizzierten Arguments liegt darin, dass es eine Begründung für eben diese anspruchsvollere These anbietet: Wenn sich die Verantwortung zur externen Wissenschaftskommunikation aus dem diskursiven Charakter von Verantwortung ergibt, und wenn – was schwer zu leugnen ist – alle WissenschaftlerInnen über eine gewisse moralische Verantwortung gegenüber der Gesellschaft verfügen, dann kann sich kein Mitglied der wissenschaftlichen Gemeinschaft der Pflicht zur Kommunikation mit der Gesellschaft entziehen oder diese einfach an jemand anderen delegieren.

II Pflicht oder Verantwortung?

Bevor ich das von Buddeberg angedeutete Argument einer eingehenderen Prüfung unterziehe, stellt sich zunächst die Frage nach dem Verhältnis von Pflicht und Verantwortung. Da umstritten ist, ob die beiden Begriffe als äquivalent gelten können,[8] ist nicht ohne Weiteres klar, dass die Begründung einer *Verantwortung* zur Wissenschaftskommunikation für die Begründung der individuellen Kommunikations*pflicht* herangezogen werden kann, die im Zentrum der aktuellen Debatte steht. Die für Buddeberg leitende Vorstellung der interpersonellen Rechtfertigung, die bei ihr aus der Etymologie des Ausdrucks ‚Verantwortung'

---

[8] Vgl. zum Verhältnis von Pflicht und Verantwortung Robert E. Goodin, „Responsibilties", *The Philosophical Quarterly*, 36, 1986, S. 50–56; Kurt Bayertz, „Eine kurze Geschichte der Herkunft der Verantwortung", in: Kurt Bayertz (Hg.), *Verantwortung – Prinzip oder Problem?*, Darmstadt 1995, S. 3–71; Dieter Birnbacher, „Grenzen der Verantwortung", in: Kurt Bayertz (Hg.), a. a. O., S. 143–183; und Corinna Mieth, Christoph Bambauer, „Verantwortung und Pflichten", in: Ludger Heidbrink, Claus Langbehn, Janina Loh (Hg.), *Handbuch Verantwortung*, Wiesbaden 2017, S. 239–250.

hergeleitet wird, lässt sich meines Erachtens jedoch auf den Pflichtbegriff übertragen.

Es ist üblich, zwischen einem *retrospektiven* und einem *prospektiven* Verantwortungsbegriff zu unterscheiden: Wir schreiben Personen rückblickend Verantwortung für etwas zu, was sie getan oder versäumt haben, und wir schreiben ihnen Verantwortung für Dinge zu, die noch getan werden müssen oder nicht getan werden dürfen. Die Karriere des Verantwortungsbegriffs seit dem späten 19. Jahrhundert ist vornehmlich auf die Herausbildung und wachsende Popularität des prospektiven Verantwortungsbegriffs zurückzuführen. Dieser ist durch eine gewisse Verwandtschaft zum Pflichtbegriff gekennzeichnet, so wie der retrospektive Verantwortungsbegriff durch eine Verwandtschaft zum Begriff der Schuld gekennzeichnet ist.[9]

Kurt Bayertz zufolge nimmt der Siegeszug des prospektiven Verantwortungsbegriffs seinen Anfang in einer Zeit großer gesellschaftlicher Umwälzungen: Arbeitsteilung, Technisierung und Industrialisierung lassen immer komplexere Handlungszusammenhänge entstehen und führen dazu, dass sich moralisch relevante Ereignisse, wie beispielsweise die Explosion einer defekten Maschine, bei der mehrere Arbeiter verletzt werden, nicht mehr eindeutig einem oder einer individuellen Handelnden zuschreiben und daher auch nicht als Folge seiner oder ihrer individuellen Pflichtverletzung begreifen lassen. Entsprechend ließen sich derartige Ereignisse auch nicht dadurch verhindern, dass man einzelnen AkteurInnen spezifische Handlungspflichten auferlegen und sie zur Erfüllung dieser Pflichten anhalten würde.

An die Stelle individueller Pflichtenzuschreibungen treten daher laut Bayertz Zuschreibungen moralischer Verantwortung, die in entscheidender Hinsicht offener gestaltet sind. Verantwortungszuschreibungen können sich statt auf konkrete Handlungen auch auf die Herbeiführung oder Vermeidung bestimmter Zustände oder Ereignisse beziehen, wobei offengelassen wird, wie genau diese Herbeiführung oder Vermeidung zu bewerkstelligen ist. Hinzu komme, so Bayertz, dass sich der Begriff der Verantwortung anders als der Pflichtbegriff für Zuschreibungen an Kollektive eigne, weil nicht vorab spezifiziert werden müsse, welches Mitglied des Kollektivs welche spezifische Aufgabe zu erfüllen habe. Der Verantwortungsbegriff sei daher auch und gerade auf Kontexte anwendbar, in denen AkteurInnen in komplexere Handlungsstrukturen eingebunden sind, die ihren individuellen Handlungsmöglichkeiten Grenzen setzen und die sie selbst nicht wesentlich beeinflussen können.

---

9 Vgl. hierzu Bayertz, a. a. O., S. 25 ff.

Problematisch an Bayertz' Gegenüberstellung der beiden Begriffe ist jedoch, dass der Pflichtbegriff zu eng gefasst und dadurch in seiner Leistungsfähigkeit unterschätzt wird. Der Ausdruck ‚Pflicht' ist im Laufe seiner Geschichte zur Bezeichnung ganz unterschiedlicher Verbindlichkeiten verwendet worden. So müssen verschiedene Arten moralischer Pflichten unterschieden und einander gegenübergestellt werden: positive vs. negative Pflichten, kontext-invariante vs. kontextabhängige und durch soziale Beziehungen bestimmte Pflichten sowie vollkommene vs. unvollkommene Pflichten. Für unseren Zusammenhang ist vor allem die letzte Unterscheidung von Belang. Legt man die Analyse unvollkommener Pflichten zugrunde, die sich in Immanuel Kants *Metaphysik der Sitten* findet, vereinen unvollkommene Pflichten genau die Eigenschaften, die den Verantwortungsbegriff attraktiv erscheinen lassen.[10]

Während Kant vollkommene Pflichten als Vorschriften zur Ausführung oder Unterlassung konkreter *Handlungen* begreift, führt er unvollkommene Pflichten auf Prinzipien zurück, die *Zwecke* vorschreiben, dabei aber offenlassen, durch welche Handlungen und in welchem Umfang diese Zwecke zu realisieren sind. Was ihre unvollkommenen Pflichten anbetrifft, haben Menschen daher laut Kant einen gewissen „Spielraum (*latitudo*) für die freie Willkür", weil der vorgegebene Zweck keine eindeutigen Aussagen darüber macht, „wie und wie viel durch die Handlung zu dem Zweck, der zugleich Pflicht ist, gewirkt werden solle"[11].

Die Übereinstimmungen zwischen dem Verantwortungsbegriff und dem Begriff der unvollkommenen Pflicht sind für das Thema der externen Wissenschaftskommunikation von besonderer Bedeutung. Die moralische Verantwortung, die eigenen Forschungsergebnisse an die breitere Bevölkerung zu kommunizieren, ist eine prospektive Verantwortung, die sich auf das zukünftige Handeln von WissenschaftlerInnen bezieht. Sie zielt dabei aber weniger auf konkrete Handlungen als auf einen Zustand, auf einen Zustand nämlich, in dem infrage stehende Ergebnisse bei den BürgerInnen angekommen oder für sie zugänglich gemacht worden sind. Über welchen Kanal die Kommunikation vollzogen werden soll, welchen exakten Inhalt sie haben soll und wie oft in dieser Weise kommuniziert werden soll: All dies bleibt im Zuge der Verantwortungszuschreibung zunächst offen. Aus ähnlichen Überlegungen heraus muss aber auch die

---

[10] Den Hinweis auf die unvollkommenen Pflichten verdanke ich Wilfried Hinsch. Für den Versuch, die Kantische Konzeption für die genauere Bestimmung des Verhältnisses von Pflicht und Verantwortung fruchtbar zu machen, vgl. auch Maike Albertzart, „Der Vorrang des Pflichtbegriffs in kollektiven Kontexten", *Zeitschrift für Praktische Philosophie*, 2, 2015, S. 87–120.
[11] Immanuel Kant, „Die Metaphysik der Sitten", in: Immanuel Kant, *Gesammelte Schriften. Bd. VI: Die Religion innerhalb der Grenzen der bloßen Vernunft. Die Metaphysik der Sitten*, Berlin 1797/1914, S. 203–493, S. 390.

Pflicht zur externen Wissenschaftskommunikation, die in vielen aktuellen Beiträgen bemüht wird, als eine unvollkommene Pflicht verstanden werden, die in Kants Sinne unbestimmt ist und zunächst nur einen Zweck oder ein Ergebnis vorschreibt, nicht aber eine konkrete Handlung.

Wenn der Pflichtbegriff im obigen Sinne ausbuchstabiert wird, erscheinen die Ideen einer moralischen Pflicht sowie auch einer moralischen Verantwortung zur externen Wissenschaftskommunikation als weitgehend identisch. Eine vermeintliche Überlegenheit des Verantwortungsbegriffs erscheint auch deshalb fragwürdig, weil die Fruchtbarkeit seiner Anwendung in der Literatur tendenziell überzeichnet wird. So ist die angesprochene Idee einer kollektiven Verantwortung keineswegs unproblematisch, da sie einen anspruchsvollen Begriff kollektiven Handelns voraussetzt. Ganz grundsätzlich gilt zudem, dass jede offene Zuschreibung moralischer Verantwortung an irgendeinem Punkt konkrete Verbindlichkeiten benennen muss, wenn sie praktisch wirksam werden will. Eine individuelle Verantwortung für die Wissenschaftskommunikation verlangt daher ebenso nach einer Konkretisierung und Spezifikation wie die Idee einer individuellen unvollkommenen Pflicht zur Wissenschaftskommunikation, was einmal mehr nahelegt, dass Verantwortungs- und Pflichtbegriff mit Blick auf die vorliegende Fragestellung als ebenbürtig gelten können.

Eine Frage, die noch beantwortet werden muss, ist allerdings, ob das auch für den Bezug zur interpersonalen Rechtfertigung gilt, auf dem Buddebergs Argument aufbaut. Das deutsche Substantiv „Verantwortung" leitet sich aus der Tätigkeit „antworten" oder „Antwort geben" her, so wie seine englischen („*responsibility*") und französischen („*responsabilité*") Äquivalente auf das lateinische „*respondere*" zurückgehen.[12] Buddebergs Betonung eines engen Zusammenhangs des Verantwortungsbegriffs mit der sozialen und kommunikativen Praxis des Sich-gegenüber-anderen-Rechtfertigens oder Einander-Rede-und-Antwort-Stehens leuchtet daher unmittelbar ein. Es wäre jedoch voreilig anzunehmen, dass diese Praxis nur mit Hilfe des Verantwortungsbegriffs angemessen erfasst werden kann.

Interpersonale Rechtfertigung ist für die Moral, und insbesondere für die mit säkularem Anspruch auftretende moderne Ethik, von zentraler Bedeutung. Ethiken, die statt des Verantwortungsbegriffs den Pflichtbegriff in den Mittelpunkt stellen, bilden hier keine Ausnahme. Moralische Pflichten zu haben, heißt, ein bestimmtes Verhalten zu schulden, und so wie man keine Antwort geben kann, ohne *jemandem* zu antworten, so kann man auch nichts schuldig sein, ohne es *jemandem* zu schulden. Es schiene nun aber widersinnig, wenn wir anderen

---

12 Vgl. Bayertz, a. a. O., S. 16.

Menschen ein bestimmtes Verhalten schulden würden und sie auch das Recht hätten, es von uns einzufordern, wir ihnen aber rundweg das Recht absprechen wollten, Rechenschaft darüber zu verlangen, ob wir unsere Schuldigkeit getan haben oder nicht.

Die Idee einer diskursiven Rechtfertigung mag sich also etymologisch eleganter aus dem Begriff der Verantwortung als dem der Pflicht herleiten lassen, sie ist aber keineswegs an den Verantwortungsbegriff gebunden und kann auch mithilfe des Pflichtbegriffs angemessen entwickelt werden. Dies gilt grundsätzlich auch für den spezifischeren Begriff einer unvollkommenen Pflicht. Dass eine Pflicht unvollkommen ist und ihre konkreten Handlungsimplikationen zunächst unbestimmt bleiben, heißt nicht, dass niemand die Erfüllung der Pflicht verlangen oder uns dafür kritisieren kann, dass wir uns in unserem Handeln nicht von dieser Pflicht haben leiten lassen. Erst recht gilt dies für die Fälle, in denen sich aus einer zunächst unbestimmten Pflicht eine spezifische Handlungsverbindlichkeit ergibt.

Eine solche Konkretisierung unvollkommener Pflichten kann sich auf zweierlei Weisen vollziehen: zum einen durch besondere situative Umstände, in denen das von der Pflicht geforderte Verhalten besonders drängend wird, zugleich aber nur von bestimmten Personen geleistet werden kann; zum anderen durch eine institutionelle Arbeitsteilung, die einer Gruppe oder Institution dauerhaft eine besondere Zuständigkeit für die Erfüllung der Pflicht zuweist und dabei auch Regelungen darüber trifft, in welcher Form die Pflichterfüllung zu erfolgen hat. In beiden Fällen können aus einer zunächst unbestimmten moralischen Forderung vollkommene Pflichten zu spezifischen Handlungen entstehen, die sich auf ein konkretes Gegenüber beziehen, wodurch der Bezug zu moralischen Ansprüchen und interpersonaler Rechtfertigung offen zutage tritt. Das Fazit lautet daher, dass Buddebergs Argumentskizze sich ohne größere Schwierigkeiten als Begründung einer individuellen Pflicht zur externen Wissenschaftskommunikation reformulieren lässt.

III Kommunikation und Rechtfertigung

Die Schlussfolgerungen, die Buddebergs Überlegungen nahelegen, sind nun aber keinesfalls zwingend. Vielmehr sind sie von weiteren und durchaus diskussionswürdigen Annahmen abhängig. Ob sich aus ihrer Rekonstruktion des Verantwortungsbegriffs eine individuelle Verantwortung (oder Pflicht) zur externen Wissenschaftskommunikation ableiten lässt, hängt entscheidend davon ab, ob man – wie Buddeberg und die klassische Diskursethik – interpersonale Rechtfertigung im Sinne einer aktualen oder – wie etwa Thomas Scanlon[13] und andere Kontraktualisten – im Sinne einer bloß hypothetischen Rechtfertigung versteht.

Für die modernen Kontraktualisten ist allein die Frage der Rechtfertigbarkeit, also der *Möglichkeit* einer rationalen oder vernünftigen Rechtfertigung, entscheidend. Ob und in welchem Maße es zu einem tatsächlichen Diskurs kommt, ist zweitrangig. Bindet man die gesellschaftliche Verantwortung oder Pflichten von WissenschaftlerInnen in diesem, bloß hypothetischen Sinne an die Praxis der interpersonalen Rechtfertigung, dann lässt sich aus ihr keine individuelle Pflicht zur externen Wissenschaftskommunikation ableiten. Diese Folgerung ergibt sich nur bei der diskurstheoretischen Deutung, die Buddebergs Überlegungen zugrunde liegt.

Die Stärken und Schwächen der Diskursethik sind im Anschluss an die grundlegenden Arbeiten von Apel und Habermas vielfach beschrieben und diskutiert worden. In unserem Zusammenhang sind vor allem diejenigen Beschränkungen von Bedeutung, die sich aus dem Begriff des idealen Diskurses ergeben. Eine der fundamentalen Annahmen der Diskursethik lautet, dass nur in einem dialogischen Prozess bestimmt werden kann, was moralisch richtig und falsch ist. So heißt es etwa bei Habermas, dass die rationale Begründung moralischer Normen die „Durchführung eines realen Diskurses verlangt und *letztlich nicht monologisch*, in der Form einer im Geiste hypothetisch durchgeführten Argumentation möglich ist".[14] Der Diskurs muss aber zusätzlich bestimmten Idealitätsbedingungen genügen. So muss er beispielsweise alle Betroffenen als TeilnehmerInnen zulassen und sich durch die Aufhebung sozial bedingter Asymmetrien auszeichnen.[15]

Dass diese Bedingungen in der Realität nicht zu erfüllen sind, wirft die Frage nach den praktischen Implikationen der Diskursethik auf. Es legt nahe, den Wert der Diskursethik eher in einer metaethischen Analyse moralischer Normativität als in der inhaltlichen Bestimmung des moralisch Richtigen und Falschen zu sehen. Das Zugeständnis, dass normativ relevante Prozesse interpersonaler Rechtfertigung nur annäherungsweise realisiert werden können, ist aber auch für die Bewertung der individuellen Pflicht zur externen Wissenschaftskommunika-

---

13 Vgl. Thomas M. Scanlon, *What we owe to each other*, Cambridge, MA, 1998.
14 Jürgen Habermas, „Diskursethik – Notizen zu einem Begründungsprogramm", in: Jürgen Habermas, *Moralbewußtsein und kommunikatives Handeln*, Frankfurt/M. 1983, S. 53–125, S. 78; vgl. auch Karl-Otto Apel, „Das Apriori der Kommunikationsgemeinschaft und die Grundlagen der Ethik. Zum Problem einer rationalen Begründung der Ethik im Zeitalter der Wissenschaft", in: Karl-Otto Apel, *Transformationen der Philosophie. Bd. 2: Das Apriori der Kommunikationsgemeinschaft*, Frankfurt/M. 1999, S. 358–435, S. 432.
15 Vgl. Habermas, a. a. O., S. 7; und Apel, a. a. O., S. 432.

tion relevant. Es zieht die Frage nach sich, ob eine legitime Annäherung nicht auch in arbeitsteilig organisierten Diskursen bestehen kann, die zwar allen Betroffenen prinzipiell offenstehen, zu denen aber nicht alle dauerhaft und in gleicher Weise beitragen.

Auch praktische Erwägungen sprechen dagegen, aus der Rechtfertigungspflicht von WissenschaftlerInnen auf die Notwendigkeit einer unterschiedslosen Teilnahme an aktualen öffentlichen Diskursen schließen zu wollen. Selbst wenn sich aus der Verantwortung, die WissenschaftlerInnen gegenüber der Gesellschaft haben, eine Verantwortung zur externen Wissenschaftskommunikation ableiten ließe, würde sich die Verantwortung von WissenschaftlerInnen doch deshalb nicht in ihrer kommunikativen Tätigkeit erschöpfen. Ihre primäre Verantwortung bestünde weiterhin darin, der Forschungs- und Lehrtätigkeit nachzugehen, für die sie (zumeist aus Steuergeldern) bezahlt werden. Die dadurch entstehende Herausforderung, wissenschaftliche Primärtätigkeit und kommunikatives Engagement miteinander zu vereinbaren, ist aber keineswegs trivial. Wie Fabian Medvecky und Jean Leach kürzlich betont haben, können deshalb Programme, die gezielt die kommunikativen Aktivitäten von WissenschaftlerInnen fördern, effektiv deren Forschungsarbeit und wissenschaftlichen Karrieren behindern.[16] Wenn das kommunikative Engagement von WissenschaftlerInnen jedoch dazu führt, dass weniger intensiv und kompetitiv geforscht wird, müsste die Gesellschaft unter Umständen daran interessiert sein, die kommunikativen Aktivitäten von WissenschaftlerInnen zu *begrenzen* – und zwar gerade im Sinne ihrer Verantwortung gegenüber einer auf wissenschaftliche Erkenntnisse angewiesenen demokratischen Öffentlichkeit.

Dies bedeutet nicht, dass eine auf Buddebergs Überlegungen aufbauende Begründung einer individuellen Pflicht zur externen Wissenschaftskommunikation zum Scheitern verurteilt ist. Es zeigt aber, dass sich die entscheidende Frage letztlich nicht individualethisch, sondern nur im Rahmen einer umfassenderen systemethischen Analyse beantworten lässt. Anstatt sich auf die Rolle individueller WissenschaftlerInnen zu beschränken, müssen Rolle und Funktion von Wissenschaft in der Demokratie in den Blick genommen und dabei die Beziehungen zu anderen relevanten Sub-Systemen der Gesellschaft, wie der Politik und den Medien, miteinbezogen werden. Nur auf Grundlage einer solchen umfassenderen systemethischen Analyse kann bestimmt werden, welches kommunikative Arrangement die legitimen Interessen der Bevölkerung insgesamt am besten befördert und welche konkreten Pflichten und Verantwortungen sich für

---

16 Vgl. Fabien Medvecky, Joan Leach, *An Ethics of Science Communication*, Cham 2019, S. 69.

verschiedene AkteurInnen aus dem fundamentalen Recht der BürgerInnen auf freien und adäquaten Zugang zu wissenschaftlichen Erkenntnissen ergeben.

Eine zu starke Fokussierung auf individuelle Pflichten und die kommunikativen Aktivitäten einzelner WissenschaftlerInnen, wie wir sie in der aktuellen Diskussion beobachten können, lässt die Bedeutung und Notwendigkeit struktureller Maßnahmen und institutioneller Regelungen leicht aus dem Blick geraten. Zu diesen gehören neben der Bewahrung und Förderung eines unabhängigen Wissenschaftsjournalismus auch Maßnahmen der Wissenschaftsorganisation, wie die Ausrichtung der Arbeit von Kommunikationsabteilungen an Universitäten und Forschungseinrichtungen oder die Ausgestaltung der öffentlichen Aktivitäten von Fachgesellschaften. Dass die hier involvierten Akteure oft nicht in der Lage oder nicht willens sind, einen angemessenen Beitrag zur externen Wissenschaftskommunikation zu erbringen, etwa weil Kommunikationsabteilungen vorrangig im Interesse der je eigenen Einrichtung aktiv sind und sich weitgehend auf Wissenschafts-PR beschränken oder weil mehr und mehr Ressorts für Wissenschaftsjournalismus geschlossen werden und WissenschaftsjournalistInnen unter prekären Bedingungen arbeiten, ändert nichts daran, dass sie eine solche Rolle prinzipiell übernehmen könnten und im Sinne einer wissenschaftlich gut informierten Öffentlichkeit auch übernehmen sollten.

Wer den gegenwärtigen Stand der externen Wissenschaftskommunikation beklagt, sollte deshalb nicht beim Verhalten individueller WissenschaftlerInnen ansetzen. Sie stehen ohnehin vor großen Herausforderungen und sollen nun Forschung und Lehre mit kommunikativem Engagement vereinbaren, arbeiten dabei aber teilweise auf Qualifikationsstellen und verfügen typischerweise über keine professionelle Qualifikation als KommunikatorInnen. Man sollte zuerst die Verantwortung der zuvor genannten Gruppen und AkteurInnen in den Mittelpunkt rücken und fragen, was getan werden muss, damit diese ihrer Rolle besser nachkommen können. Dass daneben ein spezifischer Beitrag zur externen Wissenschaftskommunikation verbleibt, den nur individuelle WissenschaftlerInnen erbringen können, ist durchaus wahrscheinlich. Dieser mag beispielsweise darin bestehen, den öffentlichen Diskurs über die Wissenschaft und ihre Ergebnisse mit einem kritischen Auge zu begleiten und ihn, wenn nötig, öffentlich sichtbar zu kommentieren. Ob die gegenwärtig so beliebte Idee einer allgemeinen individuellen Pflicht zur externen Wissenschaftskommunikation bei der Bestimmung dieses spezifischen Beitrags sonderlich hilfreich ist, erscheint jedoch fraglich.

Über die Autoren

Wilfried Hinsch, Professor für Philosophie an der Universität zu Köln. Von 2006 bis 2012 Mitglied des Wissenschaftsrates. Sprecher des Wissenschaftsforums zu Köln und Essen.

Susanne Brandtstädter, Professorin für die Ethnologie der Globalisierung an der Universität zu Köln. Mitglied des Global South Studies Centers.

Christoph Markschies, Professor für Antikes Christentum an der Humboldt-Universität zu Berlin. Von 2006 bis 2010 Präsident der Humboldt-Universität zu Berlin. Seit 2019 Präsident der Berlin-Brandenburgischen Akademie der Wissenschaften.

Mathias Risse, Berthold Beitz Professor in Human Rights, Global Affairs, and Philosophy und Direktor des Carr Center for Human Rights Policy an der John F. Kennedy School of Government der Harvard Universität.

Nicole Krämer, Professorin für Sozialpsychologie – Medien und Kommunikation an der Universität Duisburg-Essen. Stellvertretende Sprecherin des Wissenschaftsforums zu Köln und Essen.

Gert G. Wagner, Max Planck Fellow am MPI für Bildungsforschung und Mitglied der Akademie für Technikwissenschaften (acatech). Von 2002 bis 2008 Mitglied des Wissenschaftsrates.

Thorsten Schmidt, Professor für Mathematische Stochastik an der Universität Freiburg.

Silja Vöneky, Professorin für Völkerrecht, Rechtsvergleichung und Rechtsethik an der Universität Freiburg. Von 2012 bis 2016 Mitglied des Deutschen Ethikrates.

Eva Buddeberg, Akademische Rätin a. Z. am Arbeitsbereich für Politische Theorie und Philosophie an der Goethe-Universität Frankfurt. Mitglied der Jungen Akademie der Berlin-Brandenburgischen Akademie der Wissenschaften und der Nationalen Akademie der Wissenschaften Leopoldina.

Daniel Eggers, Professor für Geschichte der Philosophie an der Universität Regensburg.

www.ingramcontent.com/pod-product-compliance
Lightning Source LLC
Chambersburg PA
CBHW061719300426
44115CB00014B/2747